Linthaler/Kaindl/Lewerenz

Das Mountainbike-Technikbuch

Tom Linthaler/Martin Kaindl/Frank Lewerenz

Das Mountainbike Technikbuch

- Materialien
- Wartung
- Einstellungen

Einbandgestaltung: Luis Dos Santos

Titelbild: Scott-Sports
Bildnachweis: siehe Seite 182

ISBN 978-3-613-50567-4

1. Auflage 2008

Sie finden uns im Internet unter: www.pietsch-verlag.de

Lektor: Oliver Schwarz
Innengestaltung: Jürgen Knopf, Printprodukte, 74321 Bietigheim
Druck und Bindung: Graspo CZ, 76302 Zlin
Printed in Czech Republic

Inhalt

Inhalt

1.

Gedanken zum Rad und zu seiner Entwicklung

Wir leben im Zeitalter des Fahrrades. Vielleicht mag der eine oder andere widersprechen – nein, nein, nach wie vor dominieren die Autos unsere Verkehrslandschaft, der Radfahrer lebt nur am Rande der automobilen Ge-

die Frisur zerzaust, verschwitzt: so soll ein Arbeitstag beginnen – oder ein Rendezvous oder ein Theaterbesuch? Wer sich aber in den urbanen Dschungel begibt und mit seinem Wagen das dritte Mal um den Block

Mit dem Bike im Verkehr

sellschaft! – und das ist gut so. Aus Widerspruch entsteht leichter Klarheit als aus verschwommener Zustimmung.
Das Rad als Verkehrsmittel ist eine Seite. Nur dem nüchternen Zweck der zielgerichteten Fortbewegung untergeordnet – das ist vielen zu anstrengend. Wind und Wetter ausgesetzt,

kreist, oder die Parkgebühren scheut (denn man möchte doch bitte bis zum Ziel fahren!), wird bei distanzierter Betrachtung der Sachlage schnell begreifen, dass der Automobilist zwar äußerlich unbeschadet, innerlich jedoch „beladen" ankommt. Der Ärger über den verlorenen Zeitgewinn belastet die Seele scheinbar nur oberflächlich, in Wirklichkeit jedoch nachhaltig. Der Radler hat den zeitlichen Nachteil schnell kompensiert – ein Rad kann man überall parken – und hat zudem durch den körperlichen Einsatz das Gefühl, etwas geleistet zu haben, anstatt im Saft der eigenen unterdrückten Wut zu schmoren.

Und hier beginnt der Siegeszug des Rades in der Moderne.

Die Bewegung des Menschen auf dem Rad wird losgelöst vom Zweck, die Art der Fortbewegung wird zum Selbstzweck. Und in einer Zeit, die dem Hedonismus frönt wie selten eine zuvor, die zudem die Lust des Bewegens an sich vergöttert und in der Fitness nicht nur eine Attitüde der Leistungsträger ist, sondern ebenso

lustvoll zum Selbstzweck umgestaltet wird, ist das Fahrrad die logische Konsequenz, ein in der Summe goldener Schnitt, der das scheinbar unterlegene Verkehrsmittel seiner nutzenorientierten Schwere beraubt und zum Gegenstand der modernen Selbstverwirklichung überhöht. Das Rad wird zum Sportgerät – und um genau das geht es in diesem Buch.

Der Zeitgeist huldigt dem Sport. Sportereignisse werden zu Events. Olympiade, Formel 1, Bundesliga, Boxen. Und natürlich die „Tour de France", auch als „Tour der Leiden" apostrophiert. Diese Ereignisse formen nicht nur den Verlauf unseres Alltagslebens, sondern auch die Helden, die als Lichtgestalten den Weg aus dem

9

Dunkel des Alltags weisen, mit all ihren Stärken und Schwächen: Michael Baumann, Oliver Kahn, Michael Schuhmacher, die Gebrüder Klitschko. Und Jan Ullrich.

Nur Sieger werden geliebt, Zweite jedoch vergessen oder gar verachtet? Falsch! Das Phänomen Jan Ullrich hat ein ganzes Volk eines Besseren belehrt. Obwohl unzweifelhaft ein Siegertyp, hat er mit seinem Aufstieg nach einem tiefen Fall mit einem zweiten Platz Geschichte geschrieben (auch wenn der ganze Radsport aktuell in Unglaubwürdigkeit verfällt. Jeder vermutet oder spürt, dass zumindest ein Großteil der Spitzensportler mit mehr oder weniger den gleichen Randbedingungen arbeitet – und somit wäre der Vergleichbarkeit wieder Genüge getan). Solch eine Auferstehung, das hat instinktiv jeder gespürt, der bei diesem Sportereignis mit gefiebert hat, und sei es auch nur am Rande, ist größer als der Sieg, das ist der eigentliche Sieg. Der Sieg, den man braucht nach jeder Niederlage im Alltag. Gegen all die Hindernisse, all die Autoritäten, all die Mächtigeren, die durch Geburt, Reichtum oder Schönheit Überlegenen. Nicht nur Unterhaltung ist angesagt, nicht nur Mitfiebern und Identifikation. Sondern selber machen: Den Ausbruch aus der Öde der Arbeitswelt als sportliches Ereignis inszenieren. Sich wieder spüren! Bewegung als Produkt der eigenen Leistung, zudem garniert mit der Folge Fitness und Teilhabe an

einem der größten Mythen der Sportgeschichte.

Dazu kommt das neue Erleben ganzer Landstriche auf bisher ungekannte Art. Egal, ob Ebene oder Hochgebirge, ob Asphalt oder Gelände, ob breite Wege oder pfadartige Trails. Die Radler sind überall. Der Tourismus hat sie als Zielgruppe entdeckt. Radlergerechte Unterkünfte, radlergerechte Speisekarten, Servicestationen, Bikeparks, geführte Touren, Rad- und Radtrainingsurlaube. Inseln im Mittelmeer werden im Frühjahr von Radlern bevölkert wie von Zugvogelschwärmen: Du bist nicht mehr allein mit deinen Sehnsüchten. Gleichgesinnte allerorten. Und das kühle Bier zur Belohnung schmeckt, frei von Gewissensbissen, gleich doppelt so gut. Die sozialen Unterschiede lösen sich auf: Auch Chefs mit viel Geld müssen den Berg hinauf ächzen. Das teurere Rad ist da weder Hilfe noch Ausrede. Ganz oben am Tremalzo sind wir alle gleich – Sozialismus auf zwei Rädern. Alle sind per Du – sofern sie sich die Höhe verdient haben. Du bist aufgenommen in die große Bruderschaft an der Schwelle zum Zeitalter des Wassermanns.

Und somit ist jeder ein kleiner Sieger: Die nah gelegenen Anstiege des heimatlichen Reviers verwandeln sich von Hindernissen zu Herausforderungen. 50km – oh Schock, so denkt der Novize; 50 km und dann noch diese Berge – so denkt der Unbedarfte genauso wie der Unbeteiligte zunächst, wie soll ich das schaffen! Dem Geübten

entlockt dies nur ein kurzes Achselzucken, er weiß es (inzwischen!) besser, 50 km sind ein Klacks, eine eher kompakte Ausfahrt. Die Eroberung des Scheinbar Unmöglichen kann mit dem Rad in kurzer Zeit gelingen. Wenn das keine Therapie für die geschundene Alltagsseele ist! Kein Wunder, dass kaum eine Sportart in den letzten 20 Jahren einen solchen Boom erlebt hat wie die Fahrt auf dem Rad.

Um Den Fortschritt des Rades hat sich eine dem Boom angemessene Entwicklung vollzogen. Die letzten zwanzig Jahre waren geprägt von Innovationen, die wohl nur als Folge des breiten Interesses so viele Impulse gaben, dass all die verrückten Tüftler eine Spielwiese fanden, ihre unkonventionellen Ideen am Markt zu erproben.

Zudem wurde eine gänzlich neue Art von Rad geboren: das Mountainbike. Und wie so oft in neuen Gefilden wurde diese Spielwiese von denen, die sich von den Konventionen des Althergebrachten lösen wollten, bevölkert und befruchtet: Die Entwicklung verlief hier mit besonderer Rasanz.

Zugleich vollzog sich eine Hinwendung bisher branchenfremder Firmen zum Rad: Automobilhersteller wie Audi, Porsche, BMW und Mercedes bieten den markentreuen Automobilisten zum Premium-Wagen das Premium-Bike.

Ähnliches war bei den Materialien zu beobachten: die Carbon- oder Verbundmaterialtechnik bereicherte den Rahmenbau in ungeahnter Weise. Was der Luft- und Raumfahrt und der Formel 1 wohlfeil ist, sollte nach

11

und nach auch den Alltag des Radlers durchdringen. Ein scheinbar antiquiertes Sportgerät, das im technologischen Mainstream der Moderne schwelgt und zugleich bodenständig bleibt: immer noch ist es der Fahrer, der in die Pedale treten muss. So werden Nostalgie – die Erinnerung an die gute alte Zeit – und Moderne – die Sucht nach ständig Neuem – versöhnt und auf unmittelbar „erfahrene" Weise eins.

Ausdruck der Moderne – das High-Tech-Bike

Dem Unbedarften ergibt sich hieraus eine neue Form des Ausgeliefertseins an die Technik. Während früher nur das Ölen der Kette und das gelegentliche Flicken eines platten Reifens eine Herausforderung darstellte (durch die sich ohnehin schon viele überfordert fühlten), bieten die modernen Entwicklungen der indizierten Schaltung Denksportaufgaben der besonderen Art. Durch den Transfer bekannter, aber branchenfremder Technologien wie hydraulische Scheibenbremsen und Federungssysteme entsteht eine neue Herausforderung an das Technikverständnis des Interessierten, gleich, ob Laie oder Professional.

Dem Menschen, der bereit ist, die Neuerungen geistig zu durchdringen, erschließt sich das Hochgefühl, wieder ein Stück moderner Technologie, die sich so oft der unmittelbaren Anschauung entzieht, in des Wortes wahrstem Sinne zu „begreifen". Das vormals Fremde verliert seinen Schrecken, der Radler gewinnt an Souveränität und Größe zurück, wo ihn Informationstechnologie, Nanotechnologie und Genetik entmündigen. Diesem positiven Technikverständnis wollen wir mit diesem Buch eine Hilfestellung leisten.

Doch nicht nur die Technik der Komponenten hat sich verändert im Laufe der Zeit, auch die Typen des Rades haben sich herausdifferenziert nach Zweck und Leistungsanspruch. Gegen all die Trends zur Hochleistung gibt es eine nostalgische „back to roots-"Entwicklung. Es gibt eine „Retrowelle" ebenso wie die Suche nach neuen velozipedalen Inkarnationen: Mischformen, sogenannte Hybride bereichern das Angebot des Marktes, wenn auch mit ähnlich differenzierter Technologie ausgestattet. Das sogenannte „Fitnessbike", eine Mischung aus Renn- und Trekkingrad, ist die letzte Kreation des Strebens, immer neue Trends zu setzen.

In der Zwischenzeit haben sich selbst bei den Mountainbikern die Lager „gespalten": Das Mountainbike für alle Zwecke gibt es nämlich schon lange nicht mehr. Marathonisti, XC-Rennfahrer, Tourenfahrer, Allmountain-Biker, Enduro-Fahrer, Freerider, Dirtbiker, Dual-Slalom-Fahrer und Downhiller heißen sie. Die Hersteller stellen freilich für jedes Bedarfsprofil das passende Mountainbike in ihren immer praller werdenden Katalogen bereit.

1.1.

Spielarten des Mountainbikes

Das Erlebnis Mountainbike ist ein besonderes. Weg vom verstaubten Image der wolltrikottragenden, ewiggestrigen Vereinsmeier. Losgelöst vom Verlauf der bevölkerten Straßen, unbeeindruckt vom automobilen Verkehr, von Motorrädern und Skatern Freiheit in der Bewegung finden. Zurück zur Natur! Dorthin kommen, wo bisher allenfalls Wanderer und Bergsteiger kamen (die Konflikte sind vorprogrammiert!). Die frische Luft des

Cross-Country – der klassische MTB-Sport

Waldes atmen, durch Licht und Schatten rollen, Anstiege und Abfahrten meistern, über filigrane Trails wieseln, sich durch die Härte des Anstiegs beißen, den Sprung in die Tiefe wagen. In die Kurven hineinbremsen, eine perfekte Linie auf dem Trail zeichnen, den Staub schmecken.

Ein Stück Leben finden, das Freiheit vermittelt. In der Konzentration vibrieren, die Erde mit all ihrer Rauheit spüren, mit Bodenwellen und Schlaglöchern, mit Steinbrocken und Wurzeln, mit Rampen, die zum Sprung verleiten. Das Keuchen des Atmens, der rasende Puls die steilen Anstiege hinauf, wo selbst Wanderer zum Verschnaufen Rast machen.

Das Zausen des Windes auf der Abfahrt spüren. Und Halt machen an einem stillen Plätzchen, dem Zwitschern der Vögel, dem Plätschern eines Bachs, dem Rauschen der Blätter im Wind lauschen.

Eins sein. Mit sich selbst. Mit der Umgebung. Mit der Natur. Nicht suchen, sondern finden. Ein kleiner Abschnitt Zeit, in dem Du Dir gehörst.

Wenn Du einen Trail unter die Räder nimmst, spürst Du, wie Du Deine Trägheit überwindest, Deine Seele, Dein Leben aus der Dumpfheit befreist. Eine Kur, eine Therapie, ein Ausbruch aus dem Einerlei Deines Alltags, ein Weg zurück zu der Intensität von Leben, die Du Dir so sehr wünscht.

Wenn auch die wörtliche Übersetzung von MTB „Bergrad" lautet, so ist doch inhaltlich eher das Thema „Rad zum sportlichen Fahren abseits as-

Biken – das pure Lust-
erlebnis inklusive Sport

Das waren die Anfänge – zunächst ging's bergab! (Clunker)

phaltierter Strecken". Im Gegensatz zum Rennrad, der Rennmaschine, die bereits zum Ende des zweiten Weltkrieges einen Stand erreichte, der sich nicht mehr wesentlich von dem der beginnenden Achtziger unterschied, musste hier vieles angepasst, ja neu „erfunden" werden. Natürlich war diese Disziplin von der konservativen Fraktion besetzt durch das „Radcross", einer Wettkampfform mit Rädern, die als Ergänzung für die Winterzeit für den „richtigen" Radsportlers gedacht war, jedoch nur als Randerscheinung galt. Das Crossrad ist im Wesentlichen ein Rennrad, welches

mit stabileren Laufrädern, profilierten, aber immer noch schlanken Reifen, einer modifizierten Schaltung und einer besonderen Bremse auf „Gelände", geeignet für Wald-, Wiesen- und Feldwege, getrimmt war. Interessanterweise konnte man in den letzten Jahren in einer Renaissance wieder Crossräder in den Bikeshops finden. Das Mountainbike selber hat seinen Ursprung weniger im Bergauf- als im Bergabfahren. Die Pioniere des Mountainbikings rollten mit ihren „Clunkern" vor allem bergab.

Bei den ersten Cross-Country Wettbewerben beteiligten sich zunächst auch Fahrer mit Crossrädern, jedoch stießen diese durch die selektiven Strecken der neuen Wettbewerbsform mehr und mehr an ihre Belastungsgrenze. Schließlich wurde durch die Reglementierung der Laufradgröße auf 26 Zoll dieser Vermischung ein Riegel vorgeschoben.

Schon bald erfolgte die Rückbesinnung auf die guten alten „Clunker". Der Downhill-Wettbewerb war geboren. Zunächst noch mit ungefederten Rädern ausgetragen, setzte hier bald eine stürmische technische Entwicklung ein, um dem immer anspruchsvolleren Charakter der Strecken gewachsen zu sein. Typische Merkmale sind robuste, mit extrem langhubigen Federelementen (bis über 200 mm) ausgestattete Fahrwerke, eine eher geringe Übersetzungsbandbreite, üppig dimensionierte Scheibenbremsen, besonders stabile Anbauteile. Nicht zuletzt wegen des hohen, breit ge-

Spektakel Downhill

schwungenen Lenkers und der fast sitzbankartig geformten Sättel ähneln aktuelle Downhill-Maschinen mehr einem mit Tretkurbeln ausgestatteten Motocross-Motorrad ohne Motor.

Wie zur Bestätigung dieser Tendenz hat auch die bedeutendste aller Motorradschmieden, Honda, ein spezifisches Downhill-Bike entwickelt und bei diversen Wettbewerben eingesetzt.

Allerdings ist die Szene ähnlich wie im Formel-1-Zirkus recht schnelllebig und das Honda Bike ist nicht mehr zu sehen, es gibt eben jedes Jahr etwas Besseres – oder wenigstens etwas Neues!

Während bei dieser Disziplin das durch die harte Beanspruchung gestiegene Gewicht gerne in Kauf genommen wird, begann in der anderen „klassischen" Bike-Disziplin, dem Cross-Contry, das Ringen um jedes Gramm: extremer Leichtbau war und ist angesagt.

Gerade von der Stollenreifenfraktion wurden in diesem Streben viele Irrwege beschritten, die zu technischem Versagen führten. Rissige oder verbogene Rahmen, kollabierende Laufräder, geplatze Naben und verbogene Kurbeln und Innenlager legen Zeugnis davon ab.

Trotzdem: Geringes Gewicht ist im-

Freeriding – Hochleistungssport ohne Zwänge

Marin Indian Fire Trail – ein Hardtail-Klassiker

mer noch erklärtes Entwicklungsziel für das Bike. Mittlerweile hat die Federung nicht nur vorne, sondern auch hinten auch im CC-Sektor Einzug gefunden. Die Diskussion darüber, ob das Mehrgewicht einer Hinterradfederung (ganz abgesehen von der biomechanischen Performance) oder einer Scheibenbremsanlage den „benefit" wert ist, hält gegenwärtig an. In der Marathonszene ist die Frage beinahe geklärt: da fährt man auf dem Stand der Technik, und der heißt Scheibenbremse ebenso wie Federung an beiden Rädern.

Aber Wettbewerb heißt Sportbehörde, Sportbehörde heißt Sportgesetz und Gesetz bedeutet

Beim Marathon dominieren mittlerweile die Fullys

Beschneidung der Freiheit. Da viele Biker von einem spezifischen Drang nach Freiheit und Anderssein infiziert sind, gründete sich eine neue Strömung, die der sogenannten „Freerider".

Ursprünglich hieß das wohl „Fahren ohne Leistungszwang" (die Betonung liegt auf „Zwang"). Jedoch, wie bei den ähnlich gestrickten Vertretern der Skater- und BMX-Szene, entstand ein Ehrgeiz ganz anderer Art: nach Artistik,

nach Waghalsigkeit wurde gestrebt. Mit dem Freerider werden inzwischen Drops (Bergabsprünge) von nahezu 20m „geritten", und die Anzahl deformierter Bikes und ihrer Teile wie auch gebrochener Knochen steigt demzufolge kontinuierlich. Ob und wie weit sich dieser Trend zur Risikosportart fortsetzt, wird sich zeigen. Erste Opfer, die durch Sturzverletzungen das Rad mit dem Rollstuhl tauschen mussten, erhöhen das Bewusstsein für die Gefahren. Damit jedoch korrespondiert in gleicher Weise ein hypnotischer Sog zum Ausbruch aus unserer rundum-versicherten, überversorgten, weich-gespülten, gleichgeschalteten Zeit durch das Erleben der Extreme.

Wer Individualität und das „Mann sein" (und es sind nahezu nur Män-ner, die diesem Abenteuer frönen) in archaischer Weise mit dem Suchen nach und Bestehen von Gefahren identifiziert, findet hier eine neue Spiel-wiese, angesiedelt zwischen dem Tur-nierplatz des Mittelalters und der vom esoterischen Zeitgeist angeführten Suche nach Selbstverwirklichung und ungebundener Spiritualität.

Im Wesentlichen lassen sich beim Sportgerät Mountainbike fünf Spiel-arten unterscheiden.

Race (= Cross-Country):

Dieses Bike stellt die „klassische" Offroad-Rennmaschine dar. Im CC-Wettbewerb ist vor allem die athle-tische Seite des Fahrers gefordert: diese Rennen fordern den Fahrer ein bis zwei Stunden lang an der Grenze der physischen Leistungsfähigkeit. Alles wird der Performance auch in technisch schwierigem Gelände un-tergeordnet: es kommt darauf an, wie beim Straßenrennen die Kräfte des Fahrers optimal im Gelände umzuset-zen. Deshalb ist das Bike möglichst

Die aktuelle Interpretation eines Universalbikes: Ghost AMR

Hardcore-Freerider: Scott Gambler

steif, vor allem aber leicht, meist nur vorne gefedert, die Federwege sind kurz (80–100 mm), und in der Regel finden wir noch die gute, alte Felgenbremse oder leichte Discbrakes (140–160 mm Scheibendurchmesser).

Der Leistungsgedanke steht stark im Vordergrund. Ziel ist der Sieg im Wettfahren auf einem mehr oder weniger langen Rundkurs, der mehrfach zu durchfahren ist. Diese Spielart hat mittlerweile olympische Weihen empfangen.

Marathon, Tour, Alpencross:

Auch hier gilt: möglichst leicht, inzwischen auch oft hinten gefedert. Die Federwege sind kurz bis mittel (100–130 mm), die Bremsanlage ist mittlerweile oft eine Scheibenbremse (Scheibendurchmesser mind. 180 mm). Das Rad muss „gut klettern", aber auch auf wilden Abfahrten „seinen Mann stehen".

Auch beim Marathon-Bike steckt der Leistungsgedanke tief im Bewußtsein der fahrenden Zunft, wenn auch hier eher der „olympische" Gedanke verwirklicht wird: Die Teilnahme ist wichtiger als der Sieg. In erster Linie gilt die Aufmerksamkeit dem Ankommen, das allein als Sieg über den „inneren Schweinehund" schon ein Wert an sich ist. Als Leistung zählen zurecht die Bewältigung der Höhenmeter ebenso wie die oft beträchtliche Streckenlänge, wenngleich hier dem

Motocross ohne Motor: das Downhillbike

Erlebnis der Strecke als Genussfaktor noch eine gewisse Bedeutung zukommt. Auch diese Spielart hat inzwischen die Jagd nach Bestzeit und Plazierung eingeholt.

Für den Amateur gilt: Relativ geringes Gewicht und gute Haltbarkeit sind hier wichtiger als das letzte Quäntchen Leichtbau der Zuverlässigkeit zu opfern bzw. mit übertriebenem Materialeinsatz den Fokus auf die Bewältigung auch brutalster Abfahrten zu legen – dann tut man halt ein bisschen langsamer.

Allmountain, Enduro:

Das Bike ist meist vollgefedert, die Federwege sind im mittleren Bereich einzuordnen (120-150 mm); Scheibenbremsanlage (Bremsscheiben oft größer als 180 mm) gelten mittlerweile als Standard. Das Gewicht ist ein Faktor, auf den man hier noch achtet, da mit dem Endurobike auch längere und schwierigere Anstiege gemeistert werden sollten, wenn auch ohne Leistungsvorgabe durch Wettbewerb oder Gegner. Entscheidend ist funktionelle, problemlose Technik, die alles mitmacht.

Die Federung ist dabei besonders auf wenig Kraftverlust durch Wippen etc. ausgelegt oder bei Bedarf gar vollständig blockierbar. Das Allmountainbike ist mittlerweile quasi der Allrounder unter den Bikes. Egal, ob lange Anstiege, schneidige Abfahrten, Touren im Umland, aber auch im Gebirge, Single Trails oder einen lockeren Ritt mit Freunden, das Enduro-Bike sollte alles mitmachen.

Aus dem Skisport abgeleitet: Dual-Slalom

Freeride:

Der Freerider ist vollgefedert, Federwege sind mittel bis lang (130-200 mm), meist wird mit einer Scheibenbremse verzögert (Scheiben über 200 mm).

Wenn auch der Grundgedanke des Freeridings ursprünglich der war, dem objektiven Wettbewerb zu entsagen, hat sich inzwischen der Faktor Waghalsigkeit beim Sprung in die Tiefe (Drop) oder beim Überfahren künstlicher Hindernisparcours, etwa in Form von Rampen und Sprüngen, aber auch von komplexen Northshore-Trails (Holzwege in Gerüstform, die ihren Ursprung in den urigen Wäldern der kanadischen Küstenstadt Vancouver haben) als der entscheidende Motivationsfaktor herauskristallisiert.

Auf der anderen Seite ist das Freeriding eine Form des wettbewerbsentkleideten Downhill-Ritts geworden, wobei Stil, Eleganz, Courage und coole Sprünge wichtiger sind als eine gute Zeit.

Downhill:

Beim Downhill-Bike sind die Federwege lang, länger, am längsten, bis zur Grenze des technisch Möglichen (180–230 mm und mehr). Die Bremsanlage ist mit Bremsscheiben größer als 200 mm den Ansprüchen an maximale Verzögerung aus hohen Geschwindigkeiten angepasst. Ziel beim Downhill ist es, ähnlich dem Abfahrtslauf beim Skisport eine abschüssige Strecke auf Zeit möglichst schnell zu bewältigen.

Um die Selektivität des Wettkampfes zu steigern, werden sowohl extrem steile als auch grobe Streckenabschnitte, garniert mit waghalsigen Sprüngen, in die Streckenführung integriert. Entsprechend robust muss das Sportgerät ausgeführt sein. Gewicht spielt (fast) keine Rolle.

Dazu kommen die Spielarten mehr am Rande:

Dirt bzw. Dual-Slalom: Das entsprechende Sportgerät ist meist nur vorne gefedert (Federweg(e) mittel, ca. 100-120 mm).

Beim Dirtbiken geht es darum, Kunststücke ähnlich dem BMX, oft auch im Flug nach Anlauf über eine Rampe, vorzuführen. Hierbei zählt vor allem die Ästhetik in Abhängigkeit vom Schwierigkeitsgrad.

Bikercross: Hier fährt eine kleine Gruppe Ausscheidungsrennen auf einem kurzen, technisch anspruchsvollen Kurs bergab. Es zählt die Plazierung. Die Bikes sind eine Mischung aus Dirt, Slalom und Freeride.

Trial:

Das Rad stellt ein minimalistisches Konzept ohne Schaltung vor, in der Regel ohne Federung. Beim Trial kommt es darauf an, mit Hilfe des Bikes, ohne die Füße von den Pedalen zu nehmen, die aberwitzigsten Hindernisse zu bewältigen. Bodenkontakt mit dem Fuß zählt als Fehler.

Spezielle Ladybikes:

Die Industrie hat die Zeichen der Zeit – wenn auch spät – erkannt und alle namhaften Hersteller haben inzwischen eigens konstruierte und im Design abgestimmte Mountainbikes (und Renner) im Sortiment, die speziell für die weiblichen Bedürfnisse und Wünsche zugeschnitten sind. Das geht von banalen Unterschieden wie der Lackierung bis hin zu unterschiedlichen Komponenten und letztlich differenzierten Rahmengeometrien. Das umfangreichste Sortiment von MTBs und auch Rennrädern speziell für Damen hat wohl der Hersteller Scott unter dem Label „Contessa" im Sortiment – und zwar erfolgreich.

Grundsätzlich kann man sagen, dass die Damenmodelle Sinn machen, sind sie doch oft von erfahrenen Mountainbikerinnen konzipiert. Ein solcher Unterschied ist zum Beispiel der Aspekt der bequemeren Sitzhaltung bei Damenbikes – und zwar nicht, weil das anatomische Verhältnis von Bein- zu Oberkörperlänge gegenüber Männern so unterschiedlich wäre (das ist nämlich statistisch gesehen eher belanglos), sondern schlicht weil Frauen meist ein besseres Komfortgefühl wünschen. Deshalb werden Damenbikes mit einem entsprechend breiteren und kürzeren Sattel ausgerüstet und mit Lenkern und Griffen, die den meist kleineren Händen der Frauen Rechnung tragen.

Grundsätzlich kann man sagen: Je sportlicher gefahren wird, desto we-

24

Selbst mit 150 mm kann man heute gut Touren fahren. Im Falle dieses exklusiven Ellsworth Moment sollte man vorher schon einmal mit der Bank sprechen

niger Unterschiede gibt es zu den Männern. Die Rahmengeometrien sind oftmals in der Größe noch etwas anders verteilt, nämlich nach unten hin zu kleineren Rahmen, weil die Durchschnittsfrau ja auch etwas kleiner gebaut ist. Auch sind die Federelemente entsprechend weicher abgestimmt – selbstverständlich aus Gewichtsgründen.

Bei Trek, Scott, aber auch bei Rocky Mountain, Ellsworth und anderen Highend-Marken wagt man sich mit speziellen Ladybikes auch in die Premiumpreisklasse vor, was eine sehr gute Sache ist, zumal die meist doch viel leichteren Damen ja auch besseres und leichteres Material verdienen! Erstens, um der Gleich-

berechtigung Genüge zu tun (wir Autoren lehnen uns jetzt mal aus dem Fenster, weil wir meinen, dass es beim Biken nichts Schlimmeres gibt, als den Freund, der über die Bikerin ständig schimpft, weil Sie ihm zu langsam fährt; dabei kurbelt er das neueste Hightech-Rad, während sie im besten Falle sein ausrangiertes Winterrad mit den Canti-Bremsen geliehen bekommt ...) und zweitens macht es einfach viel mehr Spaß, im Mixed-Team zu fahren.

Besonders in Sachen (Funktions-) Bekleidung ist die Fahrradbranche sogar noch einen Schritt weiter, da gibt es nun wirklich nichts mehr, auf was Frauen verzichten müssten – ganz im Gegenteil!

Dirt-Biken: Dieses Bild sagt mehr als Worte beschreiben können

Frauenpower

2.

Maschine Fahrrad: Analyse eines Systems

Wir wollen uns nun näher mit der Technik des Fahrrades beschäftigen, uns mit dem technischen Gedanken des Rades an sich und seiner Leistungsfähigkeit auseinandersetzen. Dies legt die Grundlage für ein grundsätzliches technisches Verständnis der Vorgänge.

In der Folge wenden wir uns den einzelnen Baugruppen zu und gehen grundsätzlich und speziell auf den Stand der gegenwärtigen Technik ein. Durch die unterschiedlichen Ansprüche an das Rad unterscheiden sich die verwendeten Komponenten in ihrer quantitativen Ausprägung – die verwendete Technologie ist oft die gleiche. Um ein Beispiel zu nennen: eine Scheibenbremse unterliegt immer den gleichen konstruktiven Grundsätzen. Lediglich die Dimensionierung gibt uns Auskunft über die Anpassung an den gedachten Einsatzzweck.

2.1.

Was für eine Maschine ist denn so ein Fahrrad? Physikalische Grundlagen beim Radfahren

Ein Fahrrad unterscheidet sich grundsätzlich von andern Sportgeräten auf Rädern. Warum? Der Fahrer ist bei einem motorgetrieben Fahrzeug lediglich der Lenker bzw. Passagier. Vor allem beim Automobil ist das leicht einzusehen: Größe und Gewicht des Fahrers sowie seine körperliche Leistungsfähigkeit spielen eine untergeordnete Rolle. Selbst bei einem Motorrad ist das Vermögen des Lenkers mehr in der Kontrolle des Fahrzeugs zu sehen.

Anders jedoch beim Fahrrad: der Fahrer ist natürlich auch hier derjenige, der die Kontrolle ausübt. Hinzu kommt aber, dass er zugleich auch der Motor der Einheit Mensch-Maschine ist. Somit ist er zweifach gefordert. Und ein Drittes kommt hinzu: ist das Massenverhältnis beim Automobil sehr stark zugunsten der Maschine entschieden (das Fahrzeug wiegt in der Regel 10 bis 30 mal soviel wie der Fahrer) und beim Motorrad zumeist noch zugunsten der Maschine (Faktor 1,5 bis 5 mal schwerer als der Fahrer), herrschen beim Fahrrad genau umgekehrte Verhältnisse. Der Fahrer hat den größten Anteil am Systemgewicht. Sein Gewicht liegt um ca. den Faktor 5 bis 10 über dem der Maschine.

Die Suche nach einem leichten Fahrrad wird für viele zur Manie, was leicht einzusehen ist, da doch so eine Maschine ein Objekt der Begierde, ein technisches Schmuckstück mit ihm eigener Ästhetik darstellt.

Doch um wie viel verbessert sich die Performance des Systems?

Betrachtet man nun das Leistungsgewicht, nämlich das Verhältnis von menschlicher Vortriebsleistung in Watt zum Gesamtgewicht, dann wird schnell klar, dass ein Kilo Gewichts ersparnis eine Performanceverbesserung von 1-1,5% bedeutet (nachgerechnet: 10 kg Fahrrad plus 75 kg Mensch ergibt 85 kg, 1kg ist demzufolge 1,17%). Die Rechnung „Ein Kilo leichter ist zehn Prozent leichter" gilt nur für die Maschine, die aber bewegt sich nicht von alleine. Besser, der Fahrer arbeitet auch an seinem Gewicht, und bringt so zusammen mit dem leichten Fahrrad eine bessere Performance auf die Strecke.

Wo aber wirkt sich diese Leistungsgewicht überhaupt aus?

Zunächst beim Beschleunigen. Aber das ist, anders als im Motorsport, kein wirklich wichtiger Faktor beim Radsport.

Das Radfahren ist von seiner typischen Belastung her von zwei Widerstandsformen geprägt. Die erste ist die einfachste, weil linear ansteigend gedanklich leicht zu erfassen: der Rollwiderstand. Dieser ist als die Summe der mechanischen Widerstände des gesamten Systems zu begreifen. Der „Motor" Mensch stemmt sich in die Pedale, und seine Kräfte werden über die Bauteile des Rades auf die Fahrbahn übertragen und in Vortrieb umgewandelt. Auch hier geht schon Kraft verloren, z.B. durch minderwertige (zu elastische oder „schlecht" laufende) Komponenten oder schlecht gewartete Bauteile, allgemein durch Reibung, durch den Rollwiderstand der Reifen beispielsweise, durch „pumpende" Federelemente.

Streng genommen gehört hierzu auch der Berg. Da beim Bergauffahren die

Gesamtmasse angehoben werden muss, muss zusätzlich zum Roll- und Antriebswiderstand der sogenannte Hangabtrieb kompensiert werden. Jedoch ist auch dieser ein mechanischer Widerstand und relativ leicht linear zu erfassen.

Da wir aber von Hubarbeit sprechen, sollte gleich jedem ein Licht aufgehen: wir sprachen vom Gesamtgewicht, und da kommt das große Bingo – klar, mehr Masse die Steigung hinauf zu wuchten erfordert mehr Energie, mehr Kraft, und da wir es mit einer gewissen Geschwindigkeit zu tun haben, auch mehr Leistung.

An dieser Stelle sei auch gleich mit einem alten Märchen aufgeräumt: Ein beliebter Vorwurf lautet, wer den Berg mit einer leichten Übersetzung hinauf fährt, der ist ein Weichei. Bei näherer Betrachtung löst sich diese Anschuldigung in Luft auf, denn: wir sprachen gerade davon, wie schnell jemand die Gesamtmasse Rad plus Fahrer einen Berg hinauf wuchtet. Egal, mit welcher Übersetzung er es tut, bei gleichem Gewicht und gleicher überwundener Höhe mit der gleichen Geschwindigkeit ist auch die Leistung die gleiche. Egal, mit welcher Übersetzung gefahren wird. Klar, nicht wahr?

Wir fassen zusammen: die Summe der mechanischen Widerstände wird durch den Rollwiderstand, die Reibungsverluste im Antrieb und durch den Steigungswiderstand gebildet. Das Gewicht oder die Masse des Gesamtsystems geht linear in die Gleichung ein.

Der zweite Faktor ist der aerodynamische oder der Luftwiderstand. Im Gegensatz zum Rollwiderstand steigt er mit zunehmender Geschwindigkeit quadratisch an. Das bedeutet schlicht: doppelte Geschwindigkeit ist gleich vierfacher Widerstand. Beim Mountainbiking wird dieser Größe gegenüber dem Straßenrennrad weniger Aufmerksamkeit geschenkt.

Die Möglichkeiten des Radlers, dem Luftwiderstand zu entgehen, sind, betrachtet man das Mountainbike im Gegensatz zum Rennrad, begrenzt. Lediglich bei speziellen Speed-Events, die auf ultrasteilen Skipisten zur Erzielung eines Höchstgeschwindigkeitsrekords ausgetragen werden, spielt das Thema Luftwiderstand eine Rolle.

Vorhin sagten wir, aufs Beschleunigen käme es nicht so an, doch das ist zu kurz gegriffen. Wieso? Weil der Fahrer nicht rund tritt. Was? Ja, der Tretzyklus ist nicht rund, sondern durch Drehmomentmaxima geprägt. Wir wollen uns hier nicht zu sehr mit dem Pedalierzyklus auseinandersetzen, aber soviel sei verraten: Durch den „unrunden" Tritt, vor allem bergauf, findet in den drehmomentschwachen Phasen des Tretzyklus eine Verzögerung, in den drehmomentstarken eine Beschleunigung der Fahrtgeschwindigkeit statt. Somit muss jedes mal die Gesamtmasse Fahrer plus Fahrrad und die rotierende Masse Laufrad wieder auf die Sollgeschwindigkeit beschleunigt werden. Das kostet Körner. Besonders kräftezehrend, man glaubt es kaum, ist nicht die translatorische Beschleu-

nigung der Gesamtmasse, sondern die der rotierenden Schwungmassen der Lauräder.

Wo kann man also ansetzten, um den Gesamtwiderstand zu verringern?

Die Antworten fürs Mountainbike liegen auf der Hand: Verringerung des Rollwiderstandes (beim Rennrad windschlüpfrige Sitzhaltung – möglichst schmal und tief über den Lenker gebeugt, Laufräder mit guter aerodynamischer Durchbildung, wenig Speichen und leichten Felgen). Und das heißt für uns Biker: Reifen mit günstigem Rollwiderstand, Laufräder mit möglichst geringer Schwungmasse (auch hier spielt der Reifen eine Rolle), und: Abnehmen!

2.2.

Das Ganze ist mehr als die Summe der Teile: die Baugruppen des Fahrrades

Im Gegensatz zum Automobilbau werden Fahrräder aus einem Pool von fertig erhältlichen Teilen zusammengesetzt.

Nur wenige Hersteller wie zum Beispiel Cannondale (im Falle der Head-Shock-Gabel, der dazu passenden Vorbauten, und einiger SI = SystemIntegrated-Komponenten) oder SCOTT (Genius-Federbein) haben abgesehen vom Rahmen wirklich originäre Komponenten verbaut. Anders ausgedrückt: die Fertigungstiefe ist sehr gering. Viele Radhersteller sind reine Assembler – selbst der Rahmen wird

Das Genius-Federbein – der seltene Fall einer Sonderanfertigung ...

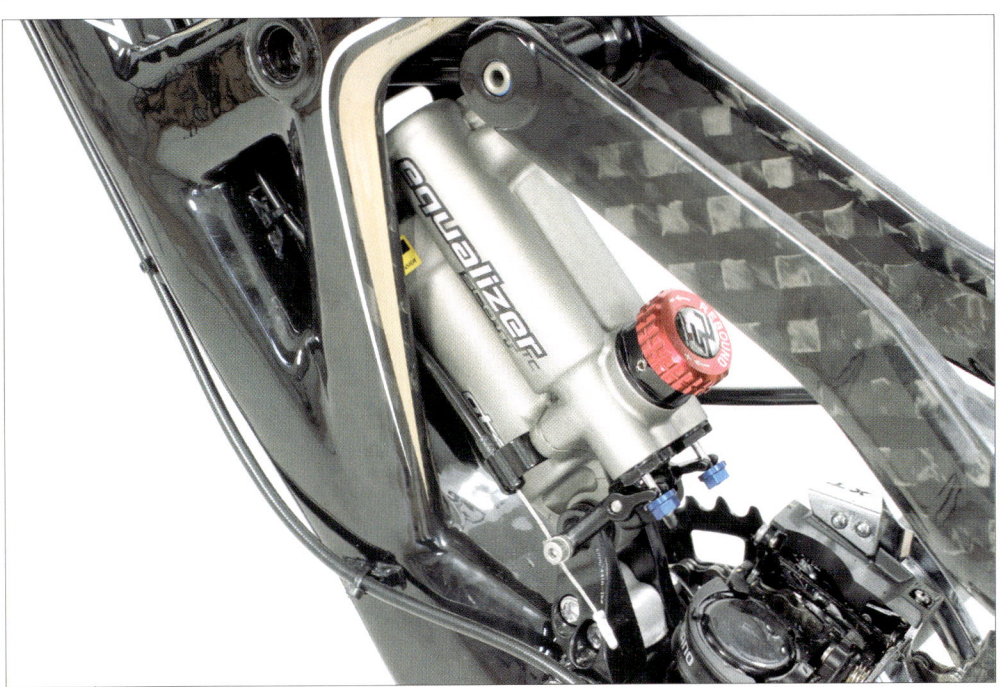

... genauso wie das Scott-Equalizer-Federbein

von der Stange bestellt, mit einem eigenen Dekor versehen und dann als Bike XY verkauft. Das ist nichts Negatives, das Angebot an Komponenten aller Art ist breit, und dabei ist auch Qualität zu einem guten Preis zu bekommen.

Ein anderer Punkt ist die Vorherrschaft des wichtigsten Komponentenherstellers. Shimano hatte in weiten Bereichen, wo wir von einer technologischen Entwicklung sprechen können, eine marktbeherrschende Stellung. Halt! Es gibt immer noch Nischen, offene Flanken, wo Wettbewerber auftauchten und so stark wurden, dass dem japanischen Riesen Angstschauer über den Rücken laufen. Ein paar Beispiele gefällig? Betrachten wir den Markt für hochwertige MTB-Komponenten – da

mischen einige Hersteller mit. Zum Beispiel Mavic. Dieser Name steht in der Gegenwart als Synonym für Kompetenz im Laufrad- und Felgenbau. Der französische Hersteller, ein Traditionsunternehmen im eigentlichen Sinne, hat seit jeher mit Ideen und Produkten rund ums Laufrad die technische Innovation, vor allem bei Naben und Felgen, vorangetrieben und in den letzten Jahren das integrierte Produkt, das sogenannte Systemlaufrad, mehr und mehr zum Standard in der Produktion industriell gefertigter hochwertiger Fahrräder gemacht. Noch vor wenigen Jahren galt das vom Fachmann in alter Handwerkstradition gefertigte Laufrad als das Nonplusultra. Der eigentliche Auslöser war aber die Idee, Räder aus Verbundmaterial herzustellen, um die Nachteile mangelhaft gespeicherter Räder zu umgehen. Nachdem all die Versuche von GT, Spengle und anderen weniger bekannten Herstellern letztendlich im Sande verliefen, wurde ähnlich, wie bei der Entwicklung des Rennrades, mit dem „CrossMax" das gute alte Speichenrad rehabilitiert. Dazu kam die „leichte" Welle: auch hier setzte dieses Laufrad Zeichen.

Dazu kam der Überdruss an der marktbeherrschenden Stellung der Japaner, das Non-Shimano-Bike war eine Zeit lang in aller Szenenmunde. Erste Profiteure dieser Situation waren Firmen wie SRAM mit der Gripshift, Magura mit der HS 33, DT-Hügi mit seinen Naben, Sachs mit seinen Ketten u.v.a.m. Inzwischen sind Magura vor allem mit seinen Bremsen und SRAM mit seinem Strauß an Komponenten (Gabeln, Bremsen, Antrieb) diejenigen, die Shimano zu neuen Anstrengungen treiben.

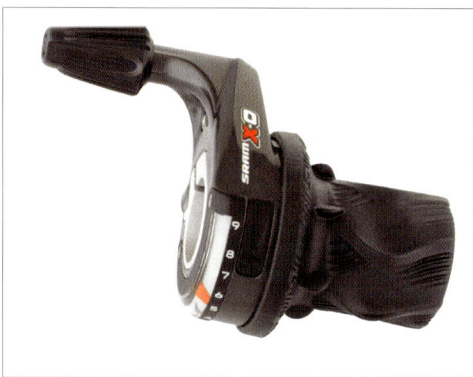

Der Drehgriff von SRAM hat sich bewährt und schaltet präzise sowie schnell und sorgt für ein aufgeräumtes Cockpit

Wenn wir im folgenden Kapitel auf bestimmte Komponenten zu sprechen kommen, wollen wir immer auch ein wenig auf deren Historie eingehen und das ganze mit der einen oder anderen Anekdote würzen. Die Entwicklung zur Hochtechnologie der Gegenwart verlief keineswegs ohne Irrtümer und Kuriositäten. Und, das sei gesagt, nicht nur die Entwickler irrten sich, auch der Markt fällte Entscheidungen, die schlicht falsch waren.

Der Stand der Technik wird definiert durch Materialien und Technologien. Wir werden diese immer auch danach bewerten, inwieweit sie der „performance", der Leistungsfähigkeit der Maschine, bezogen auf unsere Absichten, dienen.

Ganz allgemein aber wollen wir uns zunächst den Komponenten des Fahrwerks zuwenden. Danach schauen wir uns die Komponenten des Antriebs an, in einem dritten Schritt die ergonomischen Komponenten, und schließlich all die Dinge, die den alltäglichen Umgang mit dem Fahrrad leichter machen.

Diese Einteilung ist unkonventionell, erleichtert aber das Verständnis für die Funktionen. Wir gehen sozusagen von innen nach außen vor. Das Fahrrad ist eine Fahrmaschine, und unsere Wünsche, die wir mit dem Rad verwirklichen wollen, beginnen innen, bei unseren Absichten, das Fahren betreffend.

2.2.1

Fahrwerk

Für viele ist es unverständlich, und doch ist es eine Binsenweisheit: Der Rahmen (wir lassen es mal so stehen: Gemeint ist das System Rahmen und Gabel bzw. Rahmen und Radaufhängungen) macht das Fahrrad. Die grundsätzlichen Eigenschaften werden nicht durch die Komponenten der Antriebstechnik definiert. Das Fahrwerk definiert die Eigenschaften bezüglich des Fahrens. Die Bestandteile des Fahrwerks sind der Rahmen mit Radaufhängungen und die Räder. Oder etwas präziser ausgedrückt:
- Rahmen (inklusive gefedertem Hinterbau)
- Gabel
- Steuersatz

Diese drei Komponenten kann man als eine erste Einheit betrachten. Die zweite besteht aus:
- Laufrädern
- Bereifung

Also, lasst uns beginnen!

2.2.1.1.

Rahmen

Das klassische Material des Rahmenbaus war lange Zeit der Werkstoff Stahl. Entgegen der heutigen Neigung zum Schweißen waren Rahmen klassischerweise gelötet. Bei oberflächlicher Betrachtung ließ sich die Qualität eines Rahmens nach den verwendeten Materialien definieren. Erster Gedanke bei der Definition des Rahmens war die Frage nach dem Rohrsatz. Welcher Hersteller, welche Konfektionierung? Der berühmteste aller Hersteller war Columbus, eine italienische Firma, die Rohrsätze für den Rahmenbau in allen erdenklichen Qualitäten lieferte.

Zentrum des Rahmens ist das Rahmendreieck (was ein wenig gemogelt ist, denn eigentlich ist es ein Viereck!), bestehend aus den drei Hauptrohren, nämlich Oberrohr, Unterrohr, Sattelrohr und dem in der Wertschätzung immer ein wenig vernachlässigten Steuerrohr.

Dazu kommen die Muffen: Steuerrohrmuffen, Sattelmuffe, Tretlagermuffe.

Hinten dran gebaut wird, verbunden mit den beiden letztgenannten Muffen der – wie soll er sonst heißen – Hinterbau. Er besteht aus den Kettenstreben und den Sattelstreben. Dazu kommen die Anlötsockel zur Aufnahme der hinteren Bremse und die Ausfallenden.

Zu jener Zeit waren auch die Gabeln elementarer Bestandteil der Rahmenbaukunst, und ein Rohrsatz umfasste oft auch die konstruktiven Elemente der Gabel. Diese seien im Zeitalter des nahezu ausnahmslosen Einsatzes von Federgabeln der Vollständigkeit halber erwähnt, nämlich Gabelschaftrohr, Gabelscheiden, Steuerkopfmuffe und die Ausfallenden.

Auch damals herrschte HiTech: beim legendären „753er-Rohr" gab es Wandstärken von 0,3 mm im Oberrohr

Handgearbeiteter Stahlrahmen Anfang der 90er.

– wer sagt, dass der „Coladosen"-Effekt eine Erfindung des Aluzeitalters sei? Natürlich boten die hochwertigen Rohrsorten erhöhte Festigkeit, anders ausgedrückt höhere Zugfestigkeit des Materials und eine dabei höhere Streckfähigkeit, also Schutz vor Schädigung des Rahmens durch Biegen und Dehnen. Aber keine Erhöhung der Steifigkeit! Denn: diese Stahlsorten waren alle nur gering legiert, das heißt die Beimischungen zum Grundmaterial Stahl liegen bei einem niedrigen Prozentsatz, ca. zwischen 0,5 und 2,5 %!

Die Widerstandsfestigkeit eines Rohres gegen Verbiegen (elastisch) oder Verdrehen (Torsion) hängt nicht von der Stahlsorte ab, sondern ausschließlich vom Querschnitt und der Wandstärke des verwendeten Rohres (ingenieurmäßig gefasst wird das im sogenannten Flächenträgheits- bzw. Widerstandsmoment). Bei gleichem Durchmesser ist also das Rohr mit geringerer Wandstärke auch weniger biegesteif, also „weicher".

Ein anderer wichtiger Punkt war die sogenannte Konfektionierung der Rohre. Handelte es sich um geschweißtes oder nahtlos gezogenes Rohrmaterial? Die hochwertigen Rohrsorten waren samt und sonders nahtlos gezogen. Das Herstellen der Rohre erfolgt meist durch Ziehen und Hämmern. Durch einen mechanischen Streckvorgang wird aus einem kurzen, dickwandigen Rohling ein immer längeres, schlankeres Halbzeug, das dann irgendwann die Abmessungen eines Rahmenrohres besitzt. Aber damit nicht genug: Bald kamen schlaue Menschen auf die Idee, Rohre mit wechselnden Wandstärken zu produzieren, eher dickwandig an den hoch beanspruchten Stellen – den Verbindungsstellen des Rahmens, vor allem am Steuerrohr und in der Tretlagerzone –, um auf diese Weise hohe Dauerfestigkeit mit geringem Gewicht zu paaren.

Wir sprachen vom Löten – um all die Rohre zu einem stimmigen Ganzen zu fügen, waren sogenannte Muffen nötig. Dies sind in der Regel geschmiedete „Verbindungsstücke" aus Stahl, die durch sinnvolle Formgebung und Löten eine feste Verbindung zwischen den Rohren ermöglichen. In diesen Bereich fallen auch die sogenannten Ausfallenden, die am Ende des Rahmens bzw. der Gabel zur Aufnahme des Laufrades dienen.

Anders als beim Schweißen wurde nicht das eigentliche Rohrmaterial geschmolzen, sondern ein Medium, das Lötmaterial (das sogenannte „Lot", ein relativ niedrig schmelzendes Gemisch aus verschiedenen „weichen" Metallen), in den verbliebenen Spalt zwischen Muffen und Rohren eingebracht. Das Löten ist eine Kunst eigener Art, die inzwischen von nur noch wenigen Handwerkern perfekt beherrscht wird.

Als es, vor allem durch das MTB bedingt, zur Einmischung der Asiaten ins Geschäft des Rahmenbaus und damit zum WIG-Schweißen kam, fand die Lötbrennerfraktion auch hier eine

Antwort: Der muffenlose Lötrahmen wurde möglich durch hochfeste, thermisch stark belastbare Rohrsorten, die im sog. Filled Brazing-Verfahren per Nickellot zu Kunstwerken von besonders fließender Schönheit komponiert wurden. Wer je einen Rahmen von Meister DeKerf im Rohzustand bewundern durfte, versteht, was wir meinen.

Irgendwann war der Stahl ausgereizt – heute findet er fast nur noch im Dirt-Bereich eine Nische. Damit sind wir an einem Punkt angelangt, wo wir ein wenig innehalten und nachdenken sollten und einen kleinen Exkurs in Richtung Physik und Mechanik machen müssen.

Was erwarten wir von einem Rahmen? Jeder Radlerzeitschriftenschmökerer weiß natürlich gleich die Antworten. Leicht, steif, gutes Stiffness-to-weight-Verhältnis. Eine klare Antwort, leicht überprüfbar, leicht zu messen. Betrachten wir die Begriffe und deren Prüfung genauer: leicht heißt, das Ding an die Waage hängen und schauen, wie viel es wiegt. Die Steifigkeit prüfen heißt, das Ding zu verbiegen, und zu schauen, wie viel Kraft es braucht, um den Rahmen um einige Winkelgrade zu verdrehen oder nach der Seite elastisch zu verformen. Stiffness-to-Weight heißt, ein möglichst hohes Verhältnis zwischen Gewicht und Steifigkeit zu erzielen. Warum soll der Rahmen möglichst leicht sein? Damit der Fahrer neben seinem Bierbauch nicht soviel Masse die Berge hinauf wuchten muss (wir haben

Aluminium – der Stoff aus dem die meisten Mountainbikes gemacht sind

Rahmenflattern spielt beim MTB übrigens kaum eine Rolle.

Zudem soll der Rahmen geometrisch zum Fahrer und zum Fahrstil passen. Da kommt eine Qualität zum Tragen, die sich nicht messen, sondern nur erfahren lässt, die aber die eigentliche Qualität darstellt: wie fühlt sich das an, das Fahren? Dass man das nicht messen kann, macht die Entscheidung nicht leichter.

Aber wir waren beim Rahmen und der Suche nach neuen Materialien stehen geblieben. Natürlich stießen die Suchenden sehr schnell auf das Aluminium als Werkstoff: Aluminium sollte der neue Stoff sein, aus welchem die zweirädrigen Träume gefertigt werden. Das spezifische Gewicht von Aluminium beträgt nur etwa ein Drittel von dem des Stahls, bietet aber etwa die halbe Festigkeit – damit sollte sich genügend Spielraum finden lassen für die Suche nach Verbesserungen.

Die Idee, den Rahmen nach dem optischen Muster des klassischen Stahlrahmens zu fertigen, erwies sich schnell als Sackgasse (auch bei den beiden anderen „neuen" Materialien, Titan und Carbon, das sei hier schon einmal angemerkt). Die Begründung liegt im sogenannten „Elastizitätsmodul". Dieses stellt das Maß dar für die elastischen Eigenschaften eines Werkstoffes, oder anders ausgedrückt für seinen Widerstand gegen elastische Verformung.

Stellen wir uns zwei Rohre vor, eins aus einer Stahllegierung (entsprechendem dem verwendeten Rohrma-

das oben schon diskutiert). Steif? Damit weniger Energie in die Verwindung des Rahmens gepumpt wird als in die Kette. Und natürlich stabil, denn beim Fahren im Gelände kommt eine hohe Belastung auf den Rahmen zu, aber das teure Schmuckstück soll doch eine Zeit lang halten.

Das heißt aber auch, da Rohre in der Regel rund sind, dass Festigkeit und Steifigkeit lateral und vertikal miteinander gesteigert werden. Und das bedeutet zugleich weniger Elastizität und weniger Komfort. Ein Rahmen kann auch zu hart sein! Das Thema terial), eines aus einer Alulegierung, mit gleichem Durchmesser und gleicher Wandstärke, und versuchen diese zu verbiegen: dann hat das Stahlrohr eine um ein Mehrfaches höhere Biegesteifigkeit. Wie schon erwähnt, wiegt dafür das Alurohr auch nur etwa ein Drittel des Stahlrohres.

Man kann jetzt mehrere Wege gehen, um das Problem zu lösen. Man kann einfach die Finger vom Aluminium lassen, wie es die meisten Rahmenbauer in ihrem konservativen Verhaltensmuster taten – und damit ihr eigenes Grab schaufelten.

Die Akzeptanz des Aluminiums war mau – zumindest in Europa. Und, zugegebenermaßen, das Schweißen von Aluminium per Schutzgas war zu jener Zeit etwas Exotisches, nichts, womit sich ein Rahmenkünstler die Finger verbrennt.

Aber es gab auch Menschen, die auf den alten Käse pfiffen und denen einerseits instinktiv, andererseits auf ingenieurswissenschaftlicher Basis klar war, dass ein anderes Material eine andere Verarbeitung und eine neue Rahmenoptik bedeutet.

Es waren, wie sollte es anders sein, Amerikaner (so wie die anderen Pioniere des Mountainbikes – stellvertretend seien Chris Chance, Gary Fisher, Joe Breeze und Tom Ritchey, die beiden letzten Fahnenträger des Stahls, genannt). Die beiden waren bald in aller Biker Munde. Der eine hieß Gary Klein, der andere Joe Montgomery. Joe war mindestens ebenso radikal wie Gary und gründete die Firma Cannondale. Was zeichnete die beiden aus? Zum Geistesblitz „how to do it with aluminium" kam auch eine unbekümmerte Abkehr vom der alten Optik. Denn der neue Werkstoff fordert: große Rohrdurchmesser, dünne Wandstärken, Meisterschaft im Schweißhandwerk. Und beide hassten die dicken Raupen, die zwischen den Rohren um die Fügestelle kriechen, weshalb Mr. Klein ein besonderes Schweißverfahren entwickelte, Mr Cannondale dagegen auf Verschleifen und Verputzen setzte.

Von der Optik her war der Cannondale-Rahmen der radikalste: sein Markenzeichen Aluminium wurde durch das bald allgemein stilbildende dicke Unterrohr besonders radikal in Szene gesetzt. Das fanden Biker, immer auf der Suche nach Neuem, schlicht „geil".

Gemeinsam war diesen Rahmen, dass sie wirklich überlegen waren – und knochenhart.

Zum Markterfolg kam noch etwas anderes: Bei Klein waren es die Lackierungen von unglaublich tiefem und haltbarem Glanz sowie die besonders massive und stabil gelagerte Tretlagerwelle, und bei Cannondale die ebenso monströsen wie raffiniert überhängenden, die Härte des Rahmens kompensierenden Ausfallenden.

Der Rest ist Geschichte: Aluminium rules, die zwei sind immer noch an Bord, auch nach etlichen Achterbahnfahrten des Wirtschaftslebens.

Aluminium hat noch ein paar weitere Vorteile gegenüber allen anderen Rah-

Ein Titanbike: Vor Jahren und auch heute noch der Traum vieler Biker

menmaterialien. Durch seine leichte Verarbeitbarkeit eignet es sich sehr gut, um schnell auch mal viele Prototypen zu bauen, was in Zeiten von unzähligen Fullsuspensionsystemen für die Auswahl des entscheidenden Kriteriums – nämlich der Fahreigenschaft – ein nicht unerheblicher Faktor ist – Computersimulation hin oder her! Sehr populär ist in diesem Zusammenhang auch das neuerdings immer häufiger eingesetzte Hydro-Forming-Verfahren bei Alurohren. Damit lassen sich alle denkbaren „Rohr"-Formen realisieren. Der Vorteil in der Praxis ist meist aber auf eine zugegebenermaßen sehr eigenständige und schöne Optik beschränkt. Technisch gesehen ist ein Hydroforming-Rohr meist deutlich schwerer und teurer (Formenbau) in der Herstellung als ein gleich stabiles

Rundrohr-Pendant. Zumindest noch! Hier wird sich wahrscheinlich noch einiges tun.

Wie ist das nun beim Titan als Rahmenmaterial? Titan hat etwa das halbe spezifische Gewicht von Stahl, aber legiert eine ähnliche Zugfestigkeit wie hochwertige Stähle, ist zudem elastisch, hart und außerordentlich korrosionsbeständig, womit die Notwendigkeit des Lackierens entfällt. Nicht lachen: eine Lackierung wiegt auch 150 bis 250 g und das tief schimmernde Grau eines gebürsteten Titanrahmens hat schon was. Aber Titan hat auch seine Macken. Zunächst ist da die schwierige Verarbeitung, es fräst, sägt und bohrt sich ausgesprochen schlecht, da es auch unvergütet sehr, sehr hart und zäh ist (was ja grundsätzlich für die Verwendung als Rahmenrohstoff spricht). Und es lässt sich nur sehr schwer umformen: Schmieden, Ziehen und Biegen sind ganz diffizile Sachen. Auch das Schweißen ist heikel, denn ohne spezielle Schutzgasausrüstung geht da gar nichts – und Titan schweißen lernt man auch nicht an jeder Ecke. Ein Rahmen aus Titan ist also teuer.

Noch einen Pferdefuß hat Titan: Das E-Modul schlägt auch hier zu – verglichen mit Stahl ist Titan relativ biegefreudig. Für den Fahrkomfort wäre das ja gut. Aber nicht für den Geldbeutel, weil das mit den benötigten geringen Wandstärken auch nicht so einfach ist, denn endverstärkte Rohre aus Titan sind nicht nur noch teurer, sondern elendig teuer (Fragt nach bei Meister Serotta!). Ohne diese Lösung fällt der Gewichtsvorteil nicht mehr gar so überzeugend aus wie bei Aluminium.

Sagte ich teuer? Da hat der Fall des eisernen Vorhangs einiges umgekrempelt auf dieser Welt, und auch die Radfahrer profitieren davon. Nach dem großen Abrüsten der glorreichen Roten Armee sank deren Bedarf an hochwertigem fliegendem Rüstungsgut ganz erheblich, und so fiel ein guter Teil der Luftfahrtinstrie der ehemaligen Sowjetunion der sogenannten Konversion zum Opfer. Wenn aber die Russen etwas draufhatten, dann war das die Verarbeitung von Titan zu Luftrüstungszwecken. Der Name KOCMO – gesprochen Kosmo – bereichert seitdem die Palette des Angebots. Leider hat das „Russentitan"

noch nicht den Stellenwert, den es haben könnte. Radfahrer sind konservativ: kein großer Name!

Stahl, Aluminium, Titan, da war doch noch was? Ja, richtig! Wir leben ja im Zeitalter der Verbundwerkstoffe (vorhin angedeutet, als es ums Verbinden ging). Nennen wir das Kind beim Namen: Carbon ist das Zauberwort, das Radfahrerherzen höher schlagen lässt. Die Messe Eurobike stand in den letzten Jahren zunehmend im Zeichen der schwarzen Wunderfaser. Was es da alles zu bestaunen gab: Rahmen sowieso, Gabeln, Federgabeln mit Carbonkrone (RockShox), Laufräder, Sattelstützen, Sättel, Lenker, Vorbauten, Bremshebel, Kurbeln, Pedale, Schaltwerke, Umwerfer-/schellen, Flaschenhalter, Steuersatzteile, Spacer, Luftpumpen – wir leben im Carbonzeitalter, F1 sei Dank. Was aus dem Wunderstoff gemacht werden kann, wird auch daraus gemacht, auf Teufel komm raus. Ob das im Einzelfall immer sinnvoll ist, sei dahingestellt. Aber Carbon ist bezahlbar geworden. Und das macht auch die sinnvollen Anwendungen bezahlbar. Aber wir wollen von vorne anfangen.

Am Beginn der Historie steht wieder der Rahmen. Die Ansätze waren die selben wie beim Aluminium: Carbon galt von Anfang an als das HighTechMaterial. Assoziationen wie Weltraum und Luftfahrt kommen in den Sinn. Anders als bei Rennrad entwickelte sich die MTB- Carbonszene eher zäh. Zu spröde, zu bruchempfindlich sei der neue Werkstoff, hieß

Der Stand der Dinge: Scott Scale Carbon mit integrierter Sattelstütze

es. Letzten Endes waren es diesmal die Taiwanesen, die Carbon auf breiter Front zu etablieren gedachten – Giant stellte die Cadex-Linie vor, neben den unvermeidlichen Amerikanern von TREK. Auch in Europa ging man daran, sich mit dem neuen Wunderwerkstoff anzufreunden. Die Leute bei Alan waren schon immer ein wenig mutiger als der Rest, und so entstanden fragile Rohrgebilde, die der stählernen Eleganz kaum nachstanden, aber erheblich weniger Steifigkeit, dafür aber erheblich mehr Komfort boten.

Die Fügeverfahren der damaligen Carbonrahmen waren so unterschiedlich wie die Rahmen selbst. Monocoque (beim Bike eher exotisch, natürlich kam so was aus Italien!), Carbonrohre mit Carbonmuffen (der OCLV von TREK kam 1992, 1990 traten die Taiwanesen damit auf den Plan, Giant stellte den Cadex vor), Materialmix mit Kevlar zur Erhöhung der Bruchsicherheit vor allem des Hinterbaus. Und auch Versuche mit Thermoplasten statt Harz (GT) wurden gemacht – die Frage nach der Recyclingfähigkeit von Carbon setzte das auf die Tagesordnung.

Wir hatten schon angedeutet: da war auch der Begriff Komfort. Wie kann das sein? Ein Rahmen hat Einfluss auf den Komfort (und damit ist nicht die Sitzposition gemeint, sondern das Schluckvermögen durch sinnvolle Elastizität!). Dazu würden wir gerne ein paar Messgrößen darstellen, jedoch gibt es dazu nur wenige sichere Erkenntnisse. Die Zeitschrift „tour" maß früher gerne die sog. Tretlagerabsenkung durch das Fahrergewicht, jedoch wurde in die Messung das Ausfedern der Gabel nach vorne einbezogen. Auch die Laufräder verformen sich nur wenig, je nach Bauart um ca. 1-2 mm. Am deutlichsten ist diese vertikale Verformung an den Reifen zu beobachten, natürlich stark abhängig vom Reifendruck.

Gegenwärtig sind es vor allem zwei Firmen, die die Entwicklung beim MTB-Rahmenbau aus Kohlefasern vorwärtstreiben. Das sind unsere altbekannten Taiwanesen von Giant und die Firma Scott, die die zur Zeit leichtesten Serienrahmen produziert. Sinnigerweise heißt deren neuestes Leichtgewicht „Scale", was soviel wie „Maßstab" bedeutet. Mit einem Rahmengewicht von unter 1000 g stellt der „Scale" in der Tat den Maßstab dar. Aber die Konkurrenz schläft nicht und man findet durchaus auch gute Alternativen in der 1000-Gramm-Klasse.

Sehen wir uns nun das Material genauer an. Kohlenstoff kann chemisch rein in drei Formen auftreten: als Graphit, als Diamant und als Nano-Röhrchen. Wie jeder weiß, zeichnet den Diamant eine besondere Härte aus. Dieses Wissen sollte bei der Herstellung einer besonders stabilen und zugleich elastischen Faser umgesetzt werden. Ausgangsmaterial ist eine spezielle Kunststofffaser, die bei großer Hitze chemisch reduziert wird und als Endprodukt einen mehr oder weniger reinen Kohlenstoffverbund darstellt, wobei durch die Güte des Ausgangsmaterials und die Temperatur des mehrstufigen chemischen und thermischen Prozesses auch die Qualität des Endproduktes beeinflusst wird.

Das derzeitige Spitzenprodukt stellen sogenannte Hoch-Modul-Fasern dar, wie sie Look und Scott (und auch andere) für ihre Top-Rahmen als Ausgangsprodukt wählen. Diese Fasern werden chemisch nachbehandelt, gebündelt, zu Matten verarbeitet und anschließend, mit speziellen Epoxidharzen getränkt, unter Druck und Hitze zu den Endprodukten (Rohre, Muffen etc.) gebacken, aus denen dann der eigentliche Rahmen – meist durch Verkleben – gefertigt wird.

Einen weiteren Schritt stellen die sogenannten Nanoröhrchen aus Kohlenstoff dar, die selbst die hochwertigen HM-Fasern in ihren mechanischen Eigenschaften um ein Vielfaches übertreffen. Die Entwicklung von Nano-Carbon steckt jedoch noch in den Anfängen. Eine erste Anwendung fürs Bike stellen Komponenten von Easton dar, wo solche Nano-Elemente für eine festere Vernetzung der Fasern untereinander eingesetzt werden.

2.2.1.2.

Gabel / Steuersatz

Das andere Teil ist die Gabel; zusammen mit dem Rahmen bildet sie das Fahrwerk. Sie führt das Vorderrad. Mit dem Rahmen verbunden ist sie durch ein Wälzlager, den sogenannten Steuersatz. Auch hier lebt die Tradition des klassischen Rahmenbaus.

Zu den Anfangszeiten des MTBs war die starre Gabel Standard – die Gabeln waren die letzte Bastion des Werkstoffes Stahl im Rahmenbau, und am längsten überlebte das Schaftrohr, zumindest für den Hardcore-Sektor. Versuche mit leichten Gabeln aus Aluminium wurden bald gemacht, da stand jedoch schon die Federgabel vor der Tür.

Abgesehen davon, dass durch den anderen Einsatzzweck – Gelände statt Straße – ein anderes Rahmendesign notwendig wurde, wurde beim Bike schnell eine andere Frage virulent – die der Federung. Dicke Reifen schön und gut, aber der Weg, der zu gehen war, war aus dem Motorradsport „MotoCross" bekannt. Die heftigen Stöße der Trails, egal ob beim CrossCountry und noch viel mehr beim Downhill – denn nur diese beiden Disziplinen prägten in der Pionierzeit die Sportszene – sollten vom Fahrer besser entkoppelt werden als es die dicken Reifen der Bikes konnten. Und da wies der Motorradbau den Weg zur Federung des Fahrwerks.

Die Federgabel setzt sich aus mehre-

Prinzipdarstellung Federgabel

ren Bauelementen zusammen. Da ist zunächst das Oberteil, die sogenannte „Gabelkrone", bestehend aus dem Gabelschaftrohr, der Gabelbrücke und den Standrohren (letztere sind seit einiger Zeit bei fast allen Herstellern wie das Schaftrohr in der Brücke eingepreßt). Dazu kommt das Unterteil, oft „casting" genannt, bestehend aus den Tauch- oder Gleitrohren und einem Versteifungsbügel, dem sogenannten „Booster". Seit einigen Jahren ist dieses „casting" einteilig ausgeführt, in der Regel wird es bei allen hochwertigen Gabeln aus Magnesium gefertigt. Carbon spielt bei gefederten Gabeln bisher nur am Rande eine Rolle.

Magnesium, vor allem eingesetzt für die Gleitrohre der Gabel, hat nicht ganz die mechanischen Eigenschaften von Aluminium, ist aber noch einmal wesentlich leichter. Größter Nachteil ist die Korrosionsfreude von Magnesium, weswegen der Qualität des Schutzlacks ein wesentliches Augenmerk gelten sollte.

Dazu kommen noch die Innereien der Gabel, nämlich Federelement und Dämpfung. Die Entwicklung bei den Fahrwerken folgte zwei Strängen, dem der Rahmenbauer und dem der Federelementehersteller. Erst später sollten die beiden wieder näher zueinander finden.

Hohe Tempi sind vor allem beim Bergabfahren zu finden, und so lag es nahe, die zunehmende Vorderlastigkeit beim Bergabfahren, gepaart mit der Notwendigkeit, dem Fahrer mehr Kontrolle über die Lenkung und das Bremsen zu geben, mit einer Federung zu unterfüttern. Mit den starren Gabeln der Pionierzeit gerieten die Stöße bei der Abfahrt in solche Bereiche, dass die Umwelt nur noch verschwommen gesehen werden konnte. Nur eine Federung des Vorderrades konnte hier für Abhilfe sorgen. Ein schlauer Amerikaner namens Paul Turner war wohl einer der ersten, der sich hierzu ernsthafte Gedanken machte. Auch wurde

Cannondale Lefty: Eine besonders eigenwillige Interpretation des Themas Federgabel

die Option, das Rad hinten zu federn, gesehen und auch zügig verwirklicht, dann jedoch schnell wieder verworfen. Die Gründe: es funktionierte noch nicht so, wie es sollte. Wie sollte das Fahrrad der Zukunft aussehen? Was sollte es wiegen dürfen? Was durfte es kosten? Das Bild der technisch korrekten, leichten, effektiven Tretmaschine verhinderte sozusagen die Entwicklung.

First things first, so lautet die Devise. Oder bezogen aufs Rad: Das Vorderrad zuerst. Das Vorbild war schnell gefunden. Die Teleskopgabel, bekannt aus dem Motorradbau, stellte den technischen Standard dar. So geschah es, das die neuen Dinge zunächst althergebrachten ähneln. Auch wenn es später immer wieder Systeme gab (zuletzt von USE), die eine kleine

45

Revolution (geschobene Schwinge) darstellen sollen, bleibt man sowohl im Motorrad- wie im Fahrradbau bei der guten alten Telegabel.

Die zweite Frage war die nach dem Federmedium. Leicht sollte es sein. Gerade jetzt, wo alle miteinander um die Wette immer leichtere Bikes auf die Räder stellten, musste die neue Gabel ja ein passendes Argument parat haben, und das war, dass nichts leichter ist als Luft. Die Federung mit der Luft kennt man von anderen Bereichen im Fahrzeugbau, und die ersten brauchbaren Modelle von Federgabeln waren mit Luft gefedert. Wenn auch mit Marzocchi aus Italien schnell ein im Motocross etablierter Gabelhersteller aus Europa mitzog, war es doch Turners Modell, das unter dem Namen RockShox, verwirklicht in den Modellen der MAG-Serie, als erste wirklich funktionstüchtige und Bike-gerechte Gabel im Markt einschlug (über das erste Modell aus der Schmiede Turners breiten wir den Mantel des Schweigens). Der Name resultierte aus dem Begriff Rock wie Felsbrocken bzw Rütteln und Shox, einer Verbalhornung des Begriffes Shock=Federbein, Dämpferelement, heißt also „Rüttel-" bzw. „Steinbrockendämpfer". Zugleich war Mr. Turner klug genug, nicht nur dem Federn, sondern auch der Dämpfung und der Dauerhaltbarkeit genügend Aufmerksamkeit zuzuwenden.

An dieser Stelle ist ein kleiner Exkurs zum Thema Federn und Dämpfen angebracht. Oft werden diese Begriffe synonym verwendet, obwohl es sich um zwei verschiedene technische Lösungsansätze handelt, die einander ergänzen. Fangen wir mit der Federung an.

Die Aufgabe der Federung ist die Absorption von Stößen. Ob es sich um die Landung nach einem Sprung handelt oder um einen Stoß gegen das Rad, verursacht durch Bodenunebenheiten wie Wurzeln oder Steine oder Bodenwellen, ist völlig gleich. Das Wesen einer Federung liegt darin, dass sie die Energie des Stoßes aufnimmt und so verhindert, dass dieser Stoß das ganze Fahrrad bzw. das System Fahrer/Fahrrad zur Gänze erreicht. Wichtig in diesem Zusammenhang ist der Begriff des Federwegs, also des Weges, den das federnde System zur Verfügung hat, um Stöße aufzufangen, und der der Federhärte, welcher kennzeichnet, wie groß der Widerstand ist, den das federnde System dem Stoß entgegensetzt.

Es ist leicht einzusehen, dass, je mehr Weg zur Verfügung steht, die Federhärte geringer ausfallen kann. Den Zusammenhang von Federweg und Härte nennt man Federkennlinie, diese drückt man aus in Kraft pro Weg, also im Deutschen „N/mm" (Newton pro Millimeter) oder, bekannt aus dem angloamerikanischen Maßsystem, in lbs/inch (sprich „lobs per insch"). Ein Beispiel: bei einer Feder mit der Kennzeichnung 250 lbs/inch bedarf es einer Kraft von 250 englischen Pfunden (ein „lobs" entspricht etwa 450 g bzw. 45 N), um diese Feder um ein Inch = ein

Zoll = 2,54 cm zu komprimieren. Was passiert also, wenn unsere Feder um ein Zoll komprimiert wird? Es steckt eine Kraft drin, die Feder hat also Energie gespeichert. Und diese Kraft schiebt unser federndes System wieder auseinander.

Hier müssen wir noch einen Begriff einführen: den des „Sag". Ein englisches Wort, gesprochen „säg", welches den Durchhang der Federung durch das Eigengewicht des Fahrers und des Rades kennzeichnet. Wenn nun das Vorderrad statisch mit 50 kg belastet ist, wird unsere Feder um wie viel komprimiert? 50 kg = 111 lbs. 111 lbs sind etwa 44 % von 250 lbs, also wird die Feder um 44 % eines Zolls = 1,1cm komprimiert.

Beim Ausfedern passiert folgendes: die Feder entspannt sich sehr schnell, und schiebt das Restsystem Fahrer plus Rad nach oben, über den eingefederten „sag" hinaus, bis zum Umkehrpunkt, danach sackt die Feder durch das Eigengewicht des Systems wieder zusammen, und das geht ein paar mal hin und her. Was für eine Schaukel! So etwas nennt man eine ungedämpfte Schwingung. Um das zu verhindern, baut man eine Bremse in das Federsystem, das dafür sorgt, dass die durch den Stoß in der Feder gespeicherte Energie verzögert abgegeben wird, möglichst so, dass beim Ausfedern nicht über den ursprünglichen „sag" hinaus zurückgefedert wird. Diese Bremse nennt man Zugstufendämpfung, im Englischen „Rebound". Was bedeuten nun 250 lbs/ inch in unserem einheimischen Maßsystem? Da geht die Rechnerei los – 250 lbs entsprechen 1125 Newton bzw. 1,125 kN pro Zoll bzw. 44 N/mm. Turners Gabel war also mit Luft gefedert und wurde – ganz analog zum Motorrad – mit Öl gedämpft - der Königsweg zum kontrollierten Ausfedern. Dabei wird Öl beim Ausfedern derart durch federbelastete Ventile geleitet – deren Belastung man zudem passend zur Vorspannung anpassen kann –, dass die gespeicherten Energien wunschgemäß verzögert abgegeben werden können. Die berühmte MAG-Serie war geboren. Leicht und für die damalige Zeit technisch perfekt, wenn auch kompliziert und leider auch teuer.

Wir sprachen oben vom Federmedium. Ein anderer schlauer Mensch namens Doug Bradbury fand einen anderen Weg, Federung und Dämpfung unter einen Hut zu bringen, ebenfalls sehr leicht, vor allem aber preiswert, wenn auch nicht ganz so vollkommen. Er setzte als Federelemente sogenannte „Elastomere" ein, also Kunststoffelemente, die sich komprimieren lassen und ein Ausfederverhalten an den Tag legen, das man als leicht gedämpft beschreiben kann. Zu jener Zeit fand man das ganz in Ordnung, zumal die Gabeln mit dieser Technik neben geringem Gewicht auch einfache Wartung und geringe Defektanfälligkeit auf der Habenseite verbuchen – und einfache Technik ist billiger. Diese Bauart findet man heute fast nur noch im Niedrigpreis Seg-

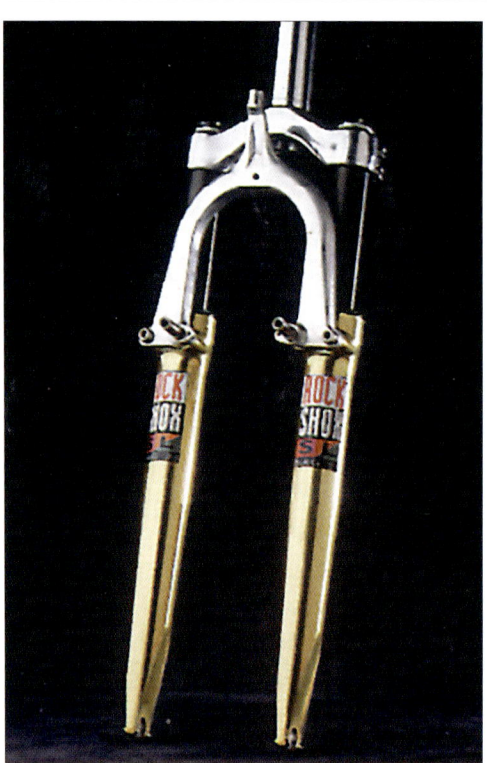

Die erste funktionierende Federgabel: RockShox MAG 21

ment, das schlechtere Ansprechen vor allem bei Kälte (die Federelemente werden bei Temperaturen um und unter dem Gefrierpunkt „bockig" bis zur Starre) ist gegenüber dem Verhalten von Luft oder Stahl als Federelement inakzeptabel. Eine neuer Kunststoff sollte dieses Kälteverhalten verbessern, doch die sogenannten MCUs (Micro-Cellular Urethan) konnten den Weg der „Gummigabeln" ins Aus nur zeitweise aufhalten. Auch die Kombination mit einer Dämpfungshydraulik konnte verständlicherweise die grundsätzlichen Probleme nicht lösen.

Die „ölige" Lösung von Turner weist auch heute noch den Weg in der Oberklasse. Die Sache mit dem Öl hat noch einen anderen Vorteil: die Teleskop-Technik wird durch das Dämpferöl auch gleich noch geschmiert. Ein geringer Wartungsbedarf und ein langes Gabelleben ist die Folge. Denn wo keine Luft und kein Öl rauskommt, kommt auch kein Schmutz und kein Wasser rein. Anders die mit einer Fettpackung geschmierten Elastogabeln: hier wurde weniger Wert auf korrekte Abdichtung gelegt, und wenn das Fett weggerieben war und der Dreck womöglich noch dazu kam, war ein zügiger Verschleiß vorprogrammiert.

Der Weg der Federtechnik ins Rad war, abgesehen davon, dass die grundsätzlichen technischen Probleme gelöst werden mussten, nicht einfach: die bisherigen Rahmen waren geometrisch nicht gut für den Einsatz einer solchen Gabel geeignet. Der Federweg, am Anfang moderate 45 mm, musste ja zu einem erheblichen Teil so in die Rahmengeometrie integriert werden, dass die Freigängigkeit des Vorderreifens beim Einfedern nicht behindert wird. Ergo musste der Rahmen vorne höher werden. Ein nicht dafür konstruierter Rahmen bekam sonst eine „Choppergeometrie" (vgl. Abbildung Nachlauf/Lenkwinkel weiter hinten). Mit zunehmendem Federweg wird das Problem immer deutlicher: der Lenkwinkel, der Nachlauf und auch die Gewichtsverteilung variieren mit dem Vorgang des Ein- und Ausfederns. Anders ausgedrückt: wichtig ist ein korrektes Gabelsetup, um die gedachten Eigenschaften eines Rahmens optimal umzusetzen (dazu später mehr).

Schnell erscholl der Ruf nach mehr Federweg, die sogenannten Long-TravelKits kamen auf den Markt, mit deren Einbau die Federwege rasch auf mehr als 70mm wuchsen. Damit wurde auch eine stabilere Bauweise erforderlich, denn der größere Auszug machte die Gabeln biege- und verdrehfreudiger. Vor allem die immer stärker in den Vordergrund rückende Scheibenbremstechnik stellte in erheblich gewachsenem Maße Ansprüche an die Verdrehsteifigkeit der Gabeln. Aber da greifen wir zu weit vor.

Die Entwicklung der Federgabeln nahm eine dramatische Entwicklung in mehrerlei Hinsicht. Die Basistechnologie war ja von Anfang an da: Telegabel, Dämpfung und Schmierung per Öl, Federung per Stahlfeder oder Luft oder „Gummi". Dazu kamen die Probleme mit den verschiedenen Steuersatzmaßen. Zu jener Zeit wurden MTB-Rahmen mit 1", 1 1/8" und 1 1/4" angeboten. Die damals üblichen Gewindesteuersätze erforderten wegen der unterschiedlichen Steuerrohrlängen unterschiedliche Schaftrohre – das logistische Chaos war vorprogrammiert. Aber dann hatte jemand die rettende Idee zum Thema Steuersatz (Lenkkopf-Lager). Im Jahre 1992 ließ sich die Firma DiaCompe den sogenannten „AheadSet" patentieren. Anstatt wie früher über das genau abgelängte Gewinde des Gabelschaftrohres den Steuersatz per Konterverschraubung spielfrei einzustellen und

zu fixieren, konnte dies auf einem gewindelosen Schaft beliebiger Länge mit minimalem schrauberischem Aufwand verwirklicht werden. So hat sich neben der patentierten Bezeichnung auch der Begriff „Threadless" (=gewindelos) Headset durchgesetzt.

Außerdem war man in der produzierenden Industrie übereingekommen, das 1 1/8" Zoll-Maß zum Standard zu erheben. Einer weiteren Verbreitung der Federgabel stand somit nichts mehr im Wege. Mittlerweile sind selbst Trekkingräder ohne Federgabel kaum noch im Handel, von einigen spezifischen Ausnahmen abgesehen.

Aber da war noch eine andere Idee: Den Übergang von Rahmen und Gabel könnte man doch eleganter gestalten, wenn man den Steuersatz im Steuerrohr versteckt (wer hat wohl damit angefangen? Richtig, Vitus, bei den Rennrädern...). Folglich brachten die Campagnolo-Leute den Hidden-Set auf den Markt und traten damit die Welle der integrierten Steuersätze los. Die Bike-Hersteller wollten nicht nachstehen und gaben dabei wieder ein eigentlich technisch gesichertes Terrain preis, denn Probleme folgten zuhauf – auf die Irrungen und Wirrungen der verschiedenen Standards für integrierte Steuersätze werden wir im Kapitel Maße und Spezifizierungen eingehen.

Zurück zum Steuersatz. Er soll spielfrei, leichtgängig, von geringem Gewicht und zugleich dauerhaft sein. Forderungen, die zu verschiedens-

Dropin

Pressfit

Konventionel

Aheadsteuersätze in drei Varianten

ten Ausprägungen führten. Gelagert wurde und wird mit Kugeln und/oder Walzen. Die Kugeln laufen leichter, die Walzen halten länger. Einer der Walzenklassiker war der französische StrongLight (witzig, ein Franzose mit britischem Namen), und sein Name war Programm.

Die klassischen Steuersätze hatten das Problem der Lagerung (leichtgängig, leicht, stabil) ganz gut gelöst, sofern, ja sofern der Rahmen korrekt gefräst war. Wie bitte? Ja, im Zeitalter der gelöteten Rahmen mussten der Steuersatzsitz oben und unten im Steuerrohr per Spezialhandfräswerkzeug in Passung, auf Parallelität und zentrisches Fluchten gefräst werden.

An dieser Stelle wollen wir kurz auf die Rahmengeometrie bezogen auf das System der Lenkung eingehen. Entscheidend für das Gefühl auf dem Bike sind neben der Gewichtsverteilung Nachlauf und Lenkwinkel. Beide spielen so zusammen, dass Lenkbarkeit und Eigenstabilität (ein größerer Nachlauf macht das Fahrrad sturer, ein kleinerer wendiger, ein steiler Lenkwinkel das Rad beweglicher, ein flacher stabiler) in ein ausgewogenes Verhältnis gebracht werden. Der Nachlauf ist definiert als die Entfernung zwischen dem Lot durch die Vorderachse auf die Fahrbahnoberfläche und den Schnittpunkt der Verlängerung der

Lenkachse, also der Achse, um die sich die Gabel im Rahmen dreht, mit der Fahrbahnoberfläche. Auf unserer Skizze ist das leicht erkennbar.

In dieses System greift außerdem die Gewichtsverteilung ein, also das Gewicht, das auf Vorder- und Hinterachse lastet, ebenso die Masse der Teile, die sich um die Lenkachse drehen und das Verhalten der Reifen in puncto Haftung und Dämpfung. Und der Zustand des Steuersatzes, Reibung, Rastung, Spiel...

An dieser Stelle müssen wir noch einmal auf den Steuersatz eingehen. Die Aufgabe des Steuersatzes ist ja schnell beschrieben: ein Wälzlager hält die Gabel leicht drehbar und möglichst spielfrei im Rahmen. Das ist alles. Wirklich? In der Wirklichkeit des Radfahrens liegen hier mehrere Hasen im Pfeffer. Steuersätze können zuviel Spiel haben, können schwergängig sein (bis hin zum Klemmen) oder verschlissen sein – dann „rasten" sie ein. Bezogen auf Probleme mit dem Fahrverhalten stellen schwergängige und vor allem rastende Steuersätze ein Problem dar. Es soll schon deshalb vorab darauf hingewiesen sein, dass bei der Wartung dem Steuersatz besondere Aufmerksamkeit gewidmet werden sollte. Natürlich sagt jeder: erst heißmachen und dann nicht servieren, wieso ist das denn so? Für gute Fahrbarkeit ist eine leichtgängige Lenkung notwenig, das Rad lässt sich so mit kleinen Lenkausschlägen ausbalancieren (selbst bei scheinbar perfekter Geradeausfahrt „spielt" die

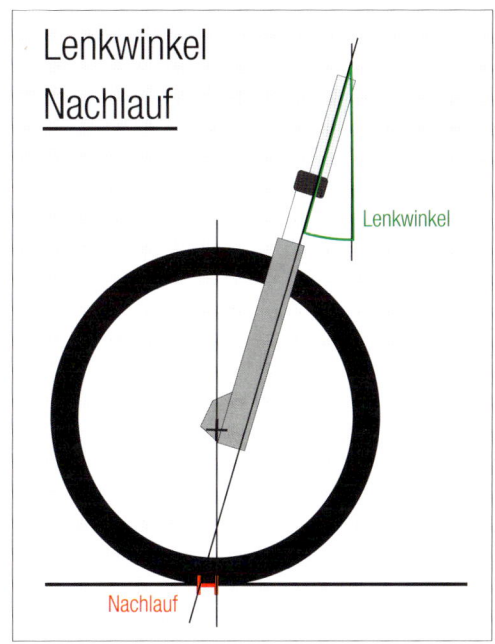

Lenkwinkel,
Nachlauf – Prinzipdarstellung

Lenkung!). Je schwergängiger die Lagerung, desto „eckiger" wird die Fahrt. Klemmende oder rastende Steuersätze stellen eine Art mechanisch und damit degressiv gedämpftes System dar. Das bedeutet, dass die Reibung bzw. der Widerstand gegen Bewegung immer bei niedrigen Drehgeschwindigkeiten am höchsten und bei hohen am niedrigsten ist. Schwingungen, wenn sie denn da sind, werden also nicht wirklich dort gedämpft, wo sie am stärksten sind (bei hoher Winkelgeschwindigkeit nämlich), sondern am Umkehrpunkt. Genau das aber fördert die Nervosität des Fahrverhaltens.

Hier wollen wir uns wieder dem Thema Federung zuwenden. Nicht unerwähnt bleiben sollen auch Sonderwege bei der Entwicklung der Federung vorne. Die gute alte Parallelogrammgabel, aus den 40er Jahren im Motorradbau bekannt, gelangte durch eine Firma namens Girvin zu neuen Ehren. Diese Firma hatte schon vorher auf ihr innovatives Potential aufmerksam gemacht. Ein gefederter Vorbau namens „Flexstem" sollte dem Wunsch der Biker nach einer Federung auf einfache Weise entsprechen – ohne die Probleme der variierenden Vorderradgeometrie. Eine ernsthafte Konkurrenz wurde dieses System jedoch nie. Aber Girvin (später Noleen) hatte noch mehr Pfeile im Köcher: bei der Parallelogrammgabel versuchte man erstmals, per elektronischer Regelung der Dämpfung die durch den Fahrer beim Tretzyklus ins Fahrwerk eingeleiteten Schwingungen zu absorbieren. Wenn man auch aus heutiger Sicht das Federgabelwippen (anders als beim Hinterbau, und auch da versuchte sich Girvin/Noleen) eher als Scheinproblem abtun muss, war das damals ein großes Thema, das die konservative Fraktion als eines der Argumente gegen die Einführung der Federung ins Feld führte. Heute gehört die Lock-Out-Funktion (die das Wippen der Federung durch Antriebseinflüsse per simplen Blockierens der Dämpfung verhindert) in vielen Fällen zum Ausstattungsumfang hochwertiger Gabeln, wenngleich die technische Entwicklung hier schon wieder einen entscheidenden Schritt weiter gegangen ist. Der eigentliche Anstoß für diese neuen Technologien war eine andere Problemstellung.

2.2.1.3.

Hinterbau, gefedert

Warum sollte man ein Fahrrad nur vorne federn? Wie schon lange zuvor bei den Motorrädern – die im Übrigen erst in den 50er Jahren wirklich durchgängig mit einer Hinterradfederung ausgestattet wurden (man bedenke: zu diesem Zeitpunkt war das Motorrad schon etwa 50 Jahre alt!) – nahmen die Überlegungen konkrete Formen an. Die Vorbilder waren da – aber wie sollte man das fürs Rad umsetzen? Über die Anfänge wollen wir den Schleier des Vergessens breiten. Relativ schnell kristallisierten sich ein paar Grundmuster heraus. Auch wenn es scheinbar viele Varianten gibt, im Prinzip handelt es sich um zwei Aufhängungstypen: Eingelenker und Mehrgelenker. Und wieder gibt es grundsätzlich zwei Muster bei beiden Typen: die direkte Federbeinanlenkung und die - Federbeinanlenkung per Umlenkung bzw. über ein Hebel- und Strebensystem. Zu Anfang kamen Eingelenker von TREK, Cannondale, Girvin – dann kam das „Horst-Link". Doch zunächst zu den Begriffen. Beim Eingelenker bewegt der Federvorgang das Hinterrad um einen Drehpunkt, besser um eine Achse, das Hinterrad beschreibt eine Kreisbahn um das Lager einer Schwinge. Dabei wurde viel mit verschiedenen Drehpunkten experimentiert. Nahe am Tretlager, davor, dahinter, darüber, weiter vorne oben („Sweetspot", Proflex), und auch konzentisch dazu (Scott). Abgesehen vom Drehpunkt war der nächste Knackpunkt die Anlenkung des Federbeins: wie die Kräfte abstützen? Die Lösungen sind mannigfaltig – klassisch per Cantileveranordnung, einer Konstruktion, die der Motorradhersteller Yamaha in den späten Siebzigern salonfähig machte und die wir auch heute noch in vielen, vor allem auch preiswerten Bikes finden können. Ein weiterer Klassiker war das Scott G-Zero, später Scott Strike, und vor allem das Bike, welches Cannondale zu einem Top-Player der Branche machte: das Cannondale Super-V und das spätere Jekyll.

Oder per Streben mit Hebelumlenkung wie beim inzwischen legendären Rocky Mountain Element und später beim Slayer, das, zunächst argwöhnisch beäugt, zu einem der großen Fully-Klassiker avancierte. Es gibt inzwischen unzählige Varianten dieses Anlenkprinzips am Markt. Dabei spielt es keine Rolle, ob das Federbein quer oder vertikal eingebaut ist, wie etwa beim Dynamics Verve. Allein diese wenigen Beispiele belegen, wie vielfältig die Einbaulagen der Federbeine ausfallen. Denn die Einbaulage von Federbeinen, die nach dem Einrohr-Gasdrucksystem aufgebaut sind, ist ziemlich egal – dem Rahmenkonstrukteur sind von daher alle Freiheiten gegeben.

Ein kurzer Exkurs zum System Federbein: hier gilt all das, was wir schon oben bei der Gabel gesagt haben. Es gibt einen Teil, der federt, und einen Teil, der dämpft. Das Federbein besteht also auch aus der Kombination von Feder und Dämpfer. Beim Gasdrucksystem ist es nun so, dass das dämpfende Medium, das Öl also, unter Druck (Gasdruck!) gesetzt wird, um durch die hohen Drücke und Strömungsgeschwindigkeiten im Dämpfer nicht zu Schaum geschlagen zu werden und so die Dämpfung ins Nichts abfallen zu lassen. Deshalb befindet sich im Dämpfer eine Kammer, die, durch einen beweglichen Kolben vom Dämpferöl getrennt, mit dessen Hilfe durch hohen Druck vorgespanntes Gas unter Druck setzt. Das ist nötig, weil Federbeine mit einer Übersetzung arbeiten, die Kräfte somit also vervielfacht auftreten. Dieser Trennkolben muss beweglich sein, da beim Eindringen der Kolbenstange ins Dämpfergehäuse Öl verdrängt wird, und dieses Volumen durch Kolben und Kammer ausgeglichen wird. Das ist auch der Grund, warum die Kolbenstange bei einem Gasdruckdämpfer auch ohne Feder wieder aus dem Gehäuse herausgleitet. Diese Ausgleichskammer kann im gleichen Gehäuse (quasi unsichtbar) oder in einem zusätzlichen Teil untergebracht sein (Piggyback), der direkt oder per Schlauchleitung mit dem Hauptgehäuse verbunden ist.

Wie bei den Gabeln hat auch der Dämpfer drei Hauptfunktionen, die als R, C und L gekennzeichnet werden. R bedeutet Rebound, also das Dämpfen der Ausfederbewegung; C bedeutet Compression, ist also zuständig für

Die Hinterradfederung - Bauarten

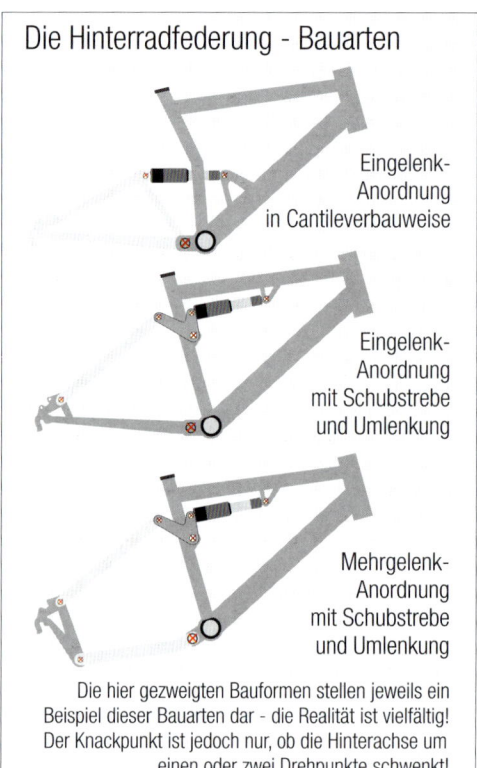

Eingelenk-Anordnung in Cantileverbauweise

Eingelenk-Anordnung mit Schubstrebe und Umlenkung

Mehrgelenk-Anordnung mit Schubstrebe und Umlenkung

Die hier gezweigten Bauformen stellen jeweils ein Beispiel dieser Bauarten dar - die Realität ist vielfältig! Der Knackpunkt ist jedoch nur, ob die Hinterachse um einen oder zwei Drehpunkte schwenkt!

Die Hinterradfederung – Bauarten

die Dämpfung der Einfederwegung; L steht für Lockout (verhindert das Einfedern durch Sperren der Druckstufe). Was ist die Druckstufe, und was bedeutet „C"?

Das erfordert einen Exkurs im Exkurs. Es war bald klar, dass die Federungen gut ansprachen. Und nicht nur das, sondern dass sie auch zu gut ansprachen. Denn das Gezappel des Fahrers beim Tritt in die Pedale produziert eine kurbeldrehzahlabhängige Eigenschwingung. Das heißt: das Federbein federt im Rhythmus der Trittfrequenz ein und aus, wenn die durch das „Zappeln" erzeugten Kräfte höher sind als das Losbrechen der Federung.

Mit einer C-Dämpfung, die also schon die Einfederbewegung kontrolliert, könnte man der Sache Herr werden. Jedoch: eine hydraulische Dämpfung wirkt geschwindigkeitsabhängig. Je höher die Geschwindigkeit des Kolbens im Dämpferöl, um so höher die Wirkung. Das ist beim Ausfedern ganz wunderbar – je mehr Energie in die Federung gepumpt wurde, um so schneller will sie ausfedern, um so stärker die Dämpfung. Klasse! Aber was ist mit den Tretbewegungen? Die sind niederfrequent und damit langsam. Das C nützt hier wenig.

Hinzu kommt das Losbrechen der Federung. Losbrechen bedeutet: wie viel Kraft ist nötig, um die Federung ansprechen zu lassen? Das Losbrechen stellt, anders betrachtet, die klassische Form der Reibungsdämpfung dar. Und das bedeutet: hoher Widerstand aus der Ruhelage, niedriger in der Bewegung. Zunächst wird das so wahrgenommen: die Federung ist träge (spricht schlecht an), was für den Komfort weniger gut ist, aber den Eindruck eines „ruhigen", auf Tretimpulse nicht ansprechenden Federungssystems vermittelt. Erst wenn man über die Schwelle kommt, spricht die Federung an. Nebenbei bemerkt, wer einmal die Federung eines klassischen „Element" ohne eingebautes Federbein bewegt hat, beginnt zu ahnen, warum dieses Teil sich so effektiv gab.

Wie kann man so etwas lösen? Die Erfinder sind dem Problem auf der Spur. Seit einigen Jahren wird getüftelt, aber eigentlich stammen die Lösungen aus dem Automobilbau. Das Zauberwort heißt „degressive low-speed"-Druckstufe. Damit wird eine Funktionsweise beschrieben, die technisch unterschiedlich realisiert werden kann. Die Systeme nennen sich z.B. SPV, ProPedal, AlberPlus oder MotionControl. Im Gegensatz zum normalen hydraulischen Verhalten wird hier über ein spezielles, federbelastetes und druckgesteuertes Ventil das Losbrechen hydraulisch erschwert, in der Folge langsame Federbewegungen stark gebremst. Sobald jedoch viel Energie in die Federung kommt, also die Geschwindigkeit des Ölflusses steigt, wird der Durchfluss freigegeben. Die Federung kann frei arbeiten oder auch definiert verzögert. Noch ein Begriff muss hier erklärt werden: der des „Blow Off". Das bedeutet, dass ein Lockout ab einer gewissen Belastung aufmacht und so die filigranen Innereien der Druckstufe vor Überlastung schützt.

Wir sehen: Alles, was beim Problem der Hinterradfederung zu diskutieren ist, gerät vom Hundersten ins Tausendste. Denn alles hängt zusammen. Aber davon wollen wir uns nicht entmutigen lassen – am Ende fügt sich alles zusammen.

Auch die Antriebskräfte in der Kette zerren an der Federung, und das noch in Abhängigkeit von der Übersetzung. Und damit nicht genug, die Angriffspunkte der Kette wandern der Höhe nach über drei Blätter vorne und bis zu 9 Ritzel (noch) hinten! Graue Haare

könnte man kriegen! Und nicht nur das – auch die Bremse mischt mit ihrem Nickmoment mit.

Hierher gehören auch die Überlegungen, inwieweit die Aufhängungsgeometrie eine wichtige Rolle spielen könnte. Da gibt es im Pflichtenheft eine weitere wichtige Überlegung. Die Federung soll nicht nur keine Energie aus dem Tretzyklus stehlen, sondern auch durch ihre Bewegungen denselben nicht irritieren. Das große Gespenst neben der Energiebilanz (um Gottes willen kein Watt vergeuden!) heißt „Pedalrückschlag". Das Phänomen lässt sich leicht erklären. Wenn beim Einfedern (und natürlich auch beim Ausfedern) eine Änderung der Entfernung zwischen Hinterachse und Tretlager entsteht, wirkt sich das aus auf den Kettenzug: die Kette wird gegen die Tretrichtung gespannt – es gibt „einen Schlag in die Füße". Im anderen Fall gibt es den „Tritt in die Leere". Vor allem das erste Phänomen ist sehr unangenehm. Aber es ändert sich bei jedem Rad die Entfernung, außer wenn die Drehbewegung der Hinterachse zentrisch um die Tretlagerwelle verläuft. Zum Glück ist das nicht ganz so schlimm. Selbst sensible Naturen akzeptieren ohne das Gefühl einer Störung eine Längung der Distanz von 10-15 mm ohne Murren – die Änderung wird von der Elastizität des Systems mehr oder weniger verschluckt. Dazu kommt, dass der volle Federungshub selten umgesetzt wird, und das auch eher bei der Landung nach einem Sprung, bei der man oh-

Prinzipdarstellung eines hydraulischen Federbeins

Stahlfeder

Kolbenstange mit Dämpferkolben und *Zug (ROT)* - und *Druck (BLAU)* stufenventil

Anschlagpuffer

Dichtungen

Dämpfergehäuse

Öl

beweglicher Trennkolben

Stickstoff-Gaspolster zum Volumenausgleich für das von der Kolbenstange verdrängte Öl

Luftfeder

Abstreifer

Positiv- und Negativkammer

→ beim Einfedern (Druckstufe) - hier wirken auch SPV etc.

Kolbenarbeitsrichtung

← beim Ausfedern (Zugstufe)

Prinzipabbildung: hydraulischer Dämpfer

nehin nicht tritt. Wohl aber gab es früher System, die so heftig zuschlugen, dass eine solche Landung als unangenehm empfunden wurde.

Allein die Überlegungen zur Lage des Drehpunktes füllen Bände. Ohne hier zu sehr in die Tiefe zu gehen, geht es hier um die Lösung mehrer Probleme, die nur schwer in einer einzigen technischen Umsetzung zu lösen sind. Es geht also um einen Kompromiss. Des Verständnisses und der Vollständig-

keit halber können wir nicht auf deren Diskussion verzichten. Zunächst geht es um Effizienz. Wir erinnern uns: neben den Eingelenkern gibt es die Mehrgelenker.

Bisher sprachen wir nur vom Eingelenksystem – kluge Köpfe, die etwas komplexer denken, sahen in der Möglichkeit einer komplexeren Kinematik einen Ansatz zur Lösung vieler Probleme. Einer der ersten war Horst Leitner, der seine Erfindung „Horst-Link"

Der „Horst-Link"-Klassiker

taufte. Allein über diesen klugen Kopf würde sich ein Buch lohnen, auch wegen seiner gefederten Gabel, die auch ein Paralellogramm hatte – aber zurück zum Thema. Seine Idee war ganz einfach: Wir bauen ein zusätzliches Gelenk in die Hinterradschwinge und können so die Bewegung des Hinterrades besser kontrollieren (über die genauen Gedankengänge des Erfinders können wir allerdings nur mutmaßen). Wird das nicht instabil? Das verdreht sich doch alles – Seitensteifigkeit beim Wiegetritt usw. Leitner löste das Problem über eine lange Abstützung nach vorne. Allerdings kam dadurch eine höhere Belastung des Federbeins der Seite nach ins Spiel. Tja, keine Sieger ohne Verlierer! Gewissermaßen war dieses erste Mo-

dell eine Mehrgelenkkonstruktion mit Cantileverabstützung. Leicht war das Ding jedenfalls – und auch effektiv! (Siehe oben)

Der erste wirklich belastbare Mehrgelenker (im Sinne des damaligen Freeride-Gedankens) war das inzwischen legendäre GT LTS. Das Besondere am LTS war auch, dass das Federbein nur federn und nicht führen muss-

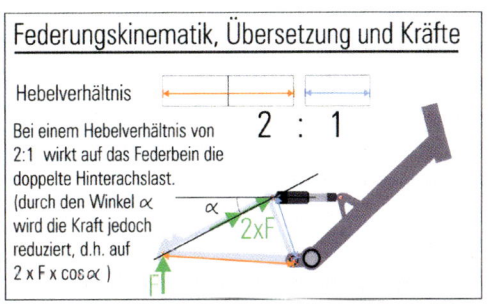

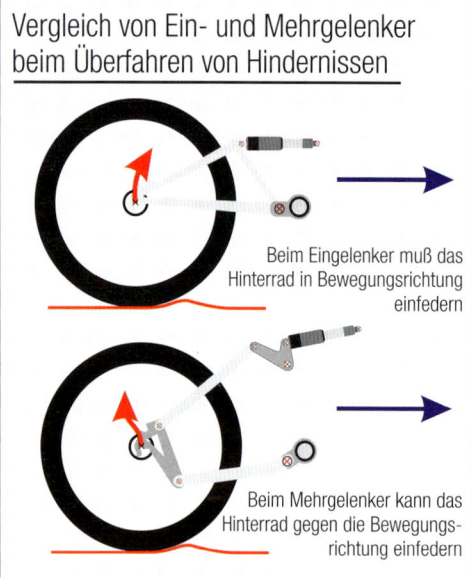

Vergleich von Ein- und Mehrgelenker beim Überfahren von Hindernissen

Beim Eingelenker muß das Hinterrad in Bewegungsrichtung einfedern

Beim Mehrgelenker kann das Hinterrad gegen die Bewegungs- richtung einfedern

Vergleich beim Überfahren von Wur- zeln: Ein-/ Mehrgelenker

te (dass es so etwas gibt, scheinen viele Konstrukteure zu vernachlässigen). Wir sprachen von den Auswirkungen der Federungsgeometrie bzw. Kinematik. Während beim Eingelenker das Hinterrad im strengen Sinne gegen das Hindernis einfedert, kann es beim Mehrgelenker ausweichen. Zwar handelt es sich um Winzigkeiten, aber das Empfinden des Fahrers bezüglich Komfort ist oft ein sehr feines. Der Mehrgelenker entkoppelt die Fahrzeugmasse besser von harten Hindernissen als der Eingelenker, das ist Fakt.

Je nach Lage des zusätzlichen Gelenkes (näher oder ferner der Hinterachse horizontal und vertikal) und der Anlenkung der Federbeinstreben lassen sich mannigfaltige Vorstellungen realisieren. Eine davon ist – und das gilt auch für den Eingelenker – das Thema der Federungskennlinie. Dieser wichtige Punkt, der für beide Systeme bedeutsam ist, ist beim eingelenkigen System leichter nachvollziehbar.

Über die sogenannte Federkonstante haben wir oben schon nachgedacht. Durch den Einbau ins Fahrrad treffen die Kräfte nicht direkt, sondern per Umlenkung auf das Federbein. Dabei spielen aber nicht

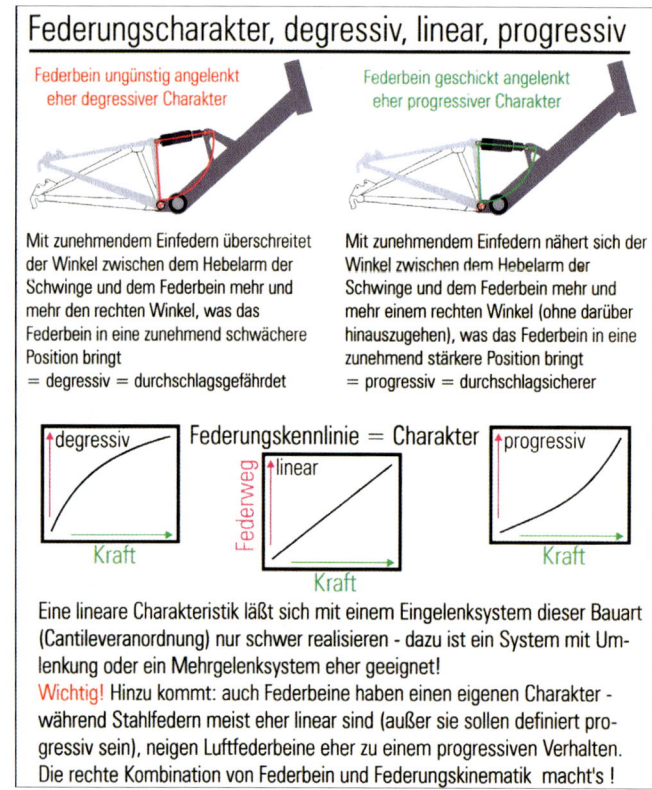

Federungscharakter, degressiv, linear, progressiv

Federbein ungünstig angelenkt eher degressiver Charakter

Federbein geschickt angelenkt eher progressiver Charakter

Mit zunehmendem Einfedern überschreitet der Winkel zwischen dem Hebelarm der Schwinge und dem Federbein mehr und mehr den rechten Winkel, was das Federbein in eine zunehmend schwächere Position bringt
= degressiv = durchschlagsgefährdet

Mit zunehmendem Einfedern nähert sich der Winkel zwischen dem Hebelarm der Schwinge und dem Federbein mehr und mehr einem rechten Winkel (ohne darüber hinauszugehen), was das Federbein in eine zunehmend stärkere Position bringt
= progressiv = durchschlagsicherer

Federungskennlinie = Charakter

degressiv — Kraft

linear — Federweg / Kraft

progressiv — Kraft

Eine lineare Charakteristik läßt sich mit einem Eingelenksystem dieser Bauart (Cantileveranordnung) nur schwer realisieren - dazu ist ein System mit Umlenkung oder ein Mehrgelenksystem eher geeignet!
Wichtig! Hinzu kommt: auch Federbeine haben einen eigenen Charakter - während Stahlfedern meist eher linear sind (außer sie sollen definiert progressiv sein), neigen Luftfederbeine eher zu einem progressiven Verhalten. Die rechte Kombination von Federbein und Federungskinematik macht's !

Das Tomac Snyper mit flexibler Carbon-Sitzstrebe

nur die Hebelverhältnisse eine bedeutende Rolle (das leuchtet sofort ein), sondern auch die Winkelverhältnisse. Und sobald das Ganze mit einer Bewegung zu tun hat, spricht man im Maschinenbau von Kinematik.

Sehen wir uns die Skizze an. Die Schwinge ist dreimal so lang wie der Hebel, der das Federbein komprimiert. Wir haben also eine Übersetzung von 3:1. Um einer Kraft von 50 kg standzuhalten, muss die Feder mit 150 kg dagegenhalten. So weit, so gut. Aber jetzt schauen wir uns Teil zwei an. Die Federung ist voll komprimiert. Im einen Fall treffen die Kräfte im rechten Winkel aufs Federbein, im anderen in einem größeren Winkel. Eigentlich müssen wir jetzt einen kleinen Exkurs in vektorieller Geometrie einschieben,

aber die kleinen bunten Pfeile sprechen auch so für sich, oder? Im Falle der 90° stimmt unsere Rechnung, aber bei der zweiten Lösung steht das Federbein buchstäblich „schlecht" da. Die 90°-Position stellt das Federbein in die „optimale" Stellung – so kann es am meisten Kräfte aufnehmen. Im zweiten Fall sind die Kräfte höher – bei gleicher Last an der Hinterachse. Woraus wir messerscharf schließen: die erste Lösung ist durchschlagsicherer als die zweite. Den ersten Fall nennt man progressiv, den zweiten degressiv. Dazu haben wir wieder ein Bild, auf dem wir drei Möglichkeiten nebeneinander darstellen wollen.

Die Dämpferanlenkung bzw. Einbauort und -lage bergen aber auch noch andere Probleme: die der Belastungen durch Schmutz und Biegung. Ein Test in einer Fachzeitschrift brachte es an den Tag: Viele vollgefederte Rahmen sind ohne eingebautes Federbein wesentlich weniger verdrehsteif im Hinterbau (Namen wollen wir keine nennen, die Sünder sind allerdings sehr populär). Das bedeutet, dass das Federbein Kräfte aufnimmt, die den Rahmen zu verwinden trachten. Federbeine aber sind dazu konstruiert, Kräfte nur in Längsrichtung aufzunehmen. Kräfte in Querrichtung verbiegen das arme Bauteil und lassen durch erhöhten Verschleiß in Dichtungen und Gleitflächen ein wesentlich verkürztes Dämpferleben erwarten. Abhilfe schaffen da nur Federbeine mit Kugelgelenken an den Aufhängungspunkten, sowie DT-Hügi das anbietet, oder einfach eine in sich steife Fullykonstruktion. In erster Linie sind die klassischen Eingelenker von diesem Phänomen betroffen. Allgemein kann man sagen, dass alle Lösungen, die eine stabile Entlastung des Federbeins im Rahmen bringen, dieses frei von Seitenkräften halten, sodass es seiner Bestimmung nachkommen kann. Ein Paradebeispiel hierfür sind hier die Bikes von Altmeister John Tomac.

Die andere Falle ist der Schmutz. Federbeine, die den vollen Dreck abkriegen, haben eine deutlich verkürzte Lebenserwartung. Vordergründige Abhilfe schaffen sogenannte „Shock-Boots", aber die reiben auch auf den Gleitflächen, und wenn dann noch Dreck dazu kommt, dann Prost Mahlzeit, Federbein. Unser Tipp: bei Stahl-Öl-Federbeinen ist dieser Schutz sinnvoll, bei Luftdämpfern sollte des Bastlers Kreativität andere Lösungen finden, etwa in Form von Spritzlappen.

Eine generelle Frage, die wir auch schon bei den Gabeln diskutiert haben, ist die Prinzipfrage. Welches Federmedium ist das richtige? Luft ist leichter, bietet kontinuierliche und vor allem weitere Abstimmungsmöglichkeiten. Dafür kommt oft unerwünschte Progression ins Spiel – eine Eigenart des Federmediums Luft, welches bei Kompression erhitzt und so zusätzlich Druck aufbaut. Bei echter Hardcorebeanspruchung (Freerider, Downhill), wo zudem weniger dem Fetisch Low-Weight gehuldigt wird, ist sicher die Stahlfeder die erste Wahl. Fragen nach der Zuverlässigkeit werden immer wieder laut: Inzwischen darf man davon ausgehen, dass korrekt eingebaute und gewartete Federbeine bei angemessener Beanspruchung so oder so in etwa gleich zuverlässig sind.

Noch anderes Problem galt es zu lösen, nämlich das der Lagerung. Denn Federung erfordert bewegliche Teile – für Schwinge, Schubstreben, Umlenkwippen, und nicht zuletzt Federbein. Prinzipiell gibt es zwei Arten von Lagerungen: Gleit- und Wälzlager. Fangen wir mit letzteren an: auf den ersten Blick sind Kugellager besser (denn die meisten Wälzlager sind als solche ausgeführt, es gibt auch noch – selten – Nadel- und Kegel-Rollenlager). Der Techniker spricht da oft anders.

Gerade bei Belastungen mit geringen Gleitgeschwindigkeiten und hoher Punktlast sind Kugellager auch kritisch zu sehen, in diesem Falle ist ein Einlaufen, welches zu Spiel führt, leicht zu finden. Für die Kugellager sprechen, wenn ordentlich gedichtet, Wartungsfreiheit und reibungsarmer Lauf. Gleitlager haben mehr Reibung (man erinnere sich an das Thema Dämpfung) und erfordern mehr Aufmerksamkeit bei der Pflege. Die letzte Wartungsempfehlung für das Element – klassisch gleitgelagert – lautete allerdings „Finger weg, nix machen, dann hält's am längsten". Trotzdem hat es im letzten Jahrgang Wälzlager spendiert bekommen – Marketinggag oder Fortschritt? Die Zukunft wird es zeigen.

In der Praxis finden wir an diversen Bikes gemischte Lösungen, so beim Giant XTC NRS Gleitlager im Hinterbau, Wälzläger an den Rahmenaufhängungen – da kenn sich noch einer aus. Tatsache ist auch hier die hohe Zuverlässigkeit des Sytems. Noch etwas: Gleitlagerungen sind filigraner, leichter, manchmal eleganter. Man sollte keine Prinzipfrage daraus machen – ein gutes Bike ist ein gutes Bike. Es gibt auch Lösungen ohne Lager, per flexibler Carbonstreben, so beim Cannondale Scalpel oder beim Tomac Carbide und Snyper.

Die wirklichen State-of-the-Art-Lösungen packen alles unter einen Hut. Egal, ob das schon etwas betagte Rocky Mountain ETSX, die Giant-Maestro-Serie (wieder ein et-was anderes System, genant VPP, auf das wir bald noch kurz eingehen möchten), Treks neue Fuel-EX-Bikes, die Fusion-Floatlinks oder der Bestseller Scott Genius und Spark. Alle diese Räder bieten erstaunliches, wobei jedes System – theoretisch zumindest – bei irgend einem Parameter von der Ideallinie abweichen wird. Heutzutage baut keiner der großen Hersteller einfach einen Rahmen und setzt irgend ein Federbein ein! Vielmehr werden in der Oberklasse der MTBs Fahrwerke als komplexes System entwickelt – und das kann man sehr wohl spüren. Scott lässt bei seinen Werken den Fahrern auch noch bequem per Lenkerklickschalter die Wahl: Hart bergauf, gemäßigt beim Cross, weich und langhubig bergab. Eine feine Konstruktion, die da der inzwischen zum genialen Techniker gereifte Ex-Hot-Chili-Schoten-Grinsemann auf die Räder gestellt hat. Andere Konstruktionen setzen wiederum mehr auf die segensreiche ProPedal- oder SPV-Druckstufe im Dämpfer, die ein Wippen recht zuverlässig verhindert, wenn man einen Hacketritt nicht gerade absichtlich provoziert. Einen vergleichsweise großen Erfolg hatte man den neuen VPP-Systemen (Virtual Pivot Point) vorausgesagt. Dabei kann man ganz grob von einer Parallelverschiebung des gesamten Hinterbaus sprechen; die Einfederkennlinie des Hinterrades ist dabei sehr gut zu kontrollieren.

Die großen Meister in diesem Sektor sind Giant, Intense und Santa Cruz

Die 20-mm-Steckachsen-Nabe

System, an dem man nicht einfach so herumbasteln sollte. Da auch die Wahl der falschen Gabel den guten Charakter gewaltig verwässern kann, sind reichlich Nachdenken und viel technisches Fingerspitzengefühl erforderlich, sollen die guten Anlagen des Hinterbaus mit der Gabel harmonieren und ein „erfahrbar" gelungenes Ganzes bilden.

Wollen wir die Anforderungen an ein gefedertes Fahrrad noch einmal zusammenfassen. Federung und Dämpfung sollen den Fahrer und das Rad von den Einflüssen des Geländes weitgehend entkoppeln (das nennt man Komfort), ohne jedoch den Reiter im Unklaren über Fahr- und Streckenzustand im Unklaren zu lassen (das nennt man Feedback). Und sie sollen – wesentlich für die Fahrdynamik – die Reifen in möglichst konstantem Kontakt mit dem Untergrund halten! Die Einflüsse des Fahrers auf die Federung durch den Tretzyklus sollen möglichst gegen Null gehen (das nennt man Reaktionsfreiheit) und gleichzeitig der Tretzyklus nicht gestört werden (das nennt man Effektivität maximieren und Pedalrückschlag minimieren). Denn ein bockendes Bike ist langsamer – jedenfalls keine leichte Übung für den Konstrukteur.

aus den USA, allerdings sind aus Steifigkeits- und Haltbarkeitsgründen die Lagerungen recht groß zu dimensionieren, was diese auch nicht gerade leicht macht. Den VPP sagt man außerdem nach, dass sie sich im Wiegetritt wie ein Klappmesser verhalten, weshalb man auch gerne Dämpfer mit starker Antiwippwirkung einbaut (SPV oder ProPedal). Man sieht, auch hier ist bei der Abstimmung ein feines (Fach)Händchen gefragt.

Eins wird hier schnell klar: solche Wunderwerke der Ingenieurskunst werden nicht mehr abends nach der siebten Flasche per Kopfgeburt auf Bierdeckel entworfen, sondern in harter CAD-Arbeit am Bildschirm per Simulation konstruiert und optimiert. Das MTB als Legobaukasten wird so mehr und mehr zum komplexen

2.2.1.4.

Laufräder / Bereifung

Kommen wir zum letzten Element des Fahrwerks, zu den Laufrädern. Dabei haben wir wieder zwei wesentliche Bestandteile: das eigentlich „harte" Laufrad, bestehend aus Felgen, Naben und Speichen, und die „weichen" Teile, die Bereifung. Beginnen wir mit der Hardware und hier wiederum bei den Naben. Es gibt auch heute Naben wie von anno dazumal, an Vorkriegsware erinnernd. Einstellbare Konuslager fanden wir schon in den Frühzeiten des Fahrradbaus. Auch modernste Naben wie Shimanos XTR folgen diesem Bauprinzip. Woraus wir getrost schließen dürfen, dass Bewährtes nicht überholt sein muss, wobei in der letzten Zeit ganz klar eine Hinwendung zur „industriegelagerten" Nabe stattfindet. Bei den letztgenannten Naben werden Leichtgängigkeit und Spielfreiheit nicht durch einen gewissermaßen nur gefühlsmäßig zu erfassenden und manuell korrekt zu vollziehenden Einstellvorgang sichergestellt, sondern es werden industriell gefertigte, vormontierte sogenannte Axialrillenkugellager in die Nabenkörper eingesetzt. Sicherlich ist hier die Qualitätskontrolle strikter zu handhaben, ein Qualitätsmerkmal für das eigentlich Lager stellen diese jedoch nicht zwingend dar. Allerdings wird Mängeln im Umgang mit Wartung und Pflege ein Riegel vorgeschoben – das vielleicht wichtigste Argument für diese moderne Form der Lagerung.

Die Nabenkörper, einst aus Stahl gefertigt, sind bereits im mittleren Segment ausnahmslos aus Aluminium gefertigt, die Lagerbestandteile natürlich aus Stahl. Ausnahmen gibt es hier lediglich bei Nabenkörpern in Form von Carbon, wie bei Campagnolos Hyperon, oder bei Keramiklagern, wie sie beispielsweise Leichtgewichtspapst Fahl in seine Tune-Edelnaben auf Wunsch einbaut.

Auch bei den Achsen vollzieht sich ein Wandel: Vom Stahl hin zum Aluminium, seltener auch zum Titan. Naben bei sportlichen Rädern sind nahezu ausnahmslos als Hohlachsen ausgeführt, durch welche eine Schnellspannachse geführt wird. Bei den MTBs gibt es insofern eine Abweichung von dieser Regel, als die langen Hübe der modernen Federgabeln, kombiniert mit den das Verdrehen der Holme fördernden Scheibenbremsen, nach einer Versteifung über die Achse und die Nabe lechzen, die jene Bauteile im konventionellen Design klar überfordert. Zeitweise boten verschiedene Hersteller sog. Federgabelnaben an, die, mit einer wesentlich biegesteiferen Achse versehen, das Problem jedoch nicht grundsätzlich lösen konnten. Heute haben sich die so genannten Steckachsen als Norm für erhöhte Beanspruchung etabliert. Jene Achsen mit 20 mm Durchmesser entlasten, kombiniert mit massiven Klemmfäusten an den Tauchrohren, die Vorderradnabe von artfremden Aufgaben und verleihen den Gabeln erheblich mehr Verdrehsteifigkeit. Die komfortabelste Variante kombiniert

Die Rock-Shox-Maxle-Steckachse vereint Steifigkeit und Bedienkomfort perfekt

Das Mavics Superlaufrad Crossmax SLR – leicht, haltbar und einfach schön

die Steckachse mit den Vorteilen eines Schnellspanners: das Rock-Shox-Maxle-System. Diese Steckachsen-Varianten werden ab 2009 in Leichtversion sogar auch an leichten XC-Gabeln zu finden sein. Alle großen Gabelhersteller wie Fox, Rock Shox oder Manitou arbeiten derzeit an solchen Steck-Achsaufnahmen, wobei Shimano und Fox ein leichtes 15-mm-System entwickelt haben – wieder ein neuer Standard, leider.

Auch bei den Hinterradnaben fand eine spezifische Entwicklung statt, und zwar bezogen auf die Schnittstelle zum Antrieb, denn ursprünglich war der Zahnkranz mitsamt Freilauf als Komplettsystem auf die Nabe geschraubt. Genaueres werden wir im Abschnitt Zahnkranz darlegen. Entscheidend bei der Kassettennabe ist, das der Freilauf, auf welchen das Ritzelpaket aufgesteckt wird, integraler Bestandteil der Nabe ist. Bezüglich Lagerung und Konstruktion findet man verschiedenste

Bauformen. Die Kasettenkörper oder Rotoren werden angeschraubt, laufen parallel auf einer gemeinsamen Achse oder sind auf einem durchgehenden Nabenkörper separat gelagert.

Bei der Konstruktion der Kraftübertragung findet man stark differierende Ausführungen ein und desselben Prinzips: Eine Kombination von federbelasteten Sperrklinken und einer damit korrespondierenden Innenverzahnung sorgt gleichermaßen für Kraftschluss und Freilauf. Shimanos Versuch mit dem sogenannten „Silent-Clutch"-Rotor, der die arttypische akustische Signatur des Klinkenfreilaufs auf angenehme Weise vermissen ließ, verschwand bald wieder von der Bildfläche. Rotoren sind in der Regel aus Stahl hergestellt, mitunter auch aus Aluminium (DT-Swiss) oder Titan (z.B. XTR).

Das äußere Pendant der Nabe ist die Felge, oft auch „Felgenring" genannt. Hier kommt als Material fast ausschließlich Aluminium zum Einsatz. Hergestellt wird dieser „Ring" aus einem spezifischen Aluminiumprofil, welches nach dem Biegen zum Ring an einer Schnittstelle per Passstück und/oder per Schweißung zu einem stabilen Rund gefügt wird. Natürlich ist eine am Stoß verschweißte Felge in diesem Bereich wesentlich stabiler. Zudem ist die Unwucht aufgrund des kleineren benötigten Paßstückes geringer. Ursprünglich nur aus einem U-Profil bestehend, sind heutzutage alle hochwertigen Felgen als sogenannte Hohlkammerfelgen ausgeführt, deren

Querschnitte in den verschiedensten Profilen geformt werden. Denn die Eigenschaften dieses Bauteils werden ganz erheblich durch die Gestaltung des Profils definiert, und stellen davon abgesehen ein markantes Element der Gestaltung des Rades, ja des gesamten Fahrrades dar. Anschließend wird die Felge mit den nötigen Bohrungen versehen und u.U. noch geöst. Das bedeutet, dass die in der Felge zur Aufnahme der Speichen vorgesehenen Löcher mit Edelstahlösen verstärkt werden. Zudem erleichtern diese Ösen das korrekte Zentrieren mit Alunippeln. Inzwischen hat sich das ursprünglich bei den geschweißten Felgen von Mavic eingeführte Überdrehen der Bremsflanken zwecks besserer Bremsleistung bei fast allen Herstellern zumindest bei halbwegs hochwertigen Felgen durchgesetzt. Mit den Speichen werden Nabe und Felge zu einem leichten, doch zugleich stabilen und elastischen Ganzen verbunden.

Speichen sind wieder eine technologische Welt für sich. Ganz wesentlich für das Verständnis der Aufgabe der Speichen ist die Einsicht, dass sich ein Laufrad beim Abrollen unter Last nicht unwesentlich verformt. Auf einer einzelnen Speiche lastet ein Zug von 900 bis 1200 N. Unter diesem Zug dehnt sich die Speiche bereits messbar. Wichtig ist jedoch, dass die Dehnung größer ist als die elastische Verformung des Rades selbst. Deswegen setzt man zunehmend sogenannte Doppeldickendspeichen ein, die am Flanschbogen und am Gewinde deutlich dicker sind als im langen Mittelteil. Dadurch steigt die Dehnfähigkeit ganz erheblich, weswegen mit DD-Speichen korrekt gebaute Laufräder eine bessere Standzeit haben (ein Nachzentrieren ist wesentlich seltener nötig), abgesehen davon, dass Lastspitzen in der DD-Speiche durch das elastische Mittelteil besser weggesteckt werden, was die ansonsten durch Gewinde und Flanschbogen geschwächte Speiche mit erhöhter Reißfestigkeit dankend quittiert.

Auch die Speichennippel sollten kurz erwähnt werden: In der Regel handelt es sich um verchromtes Messing. Leichtbaufreaks wählen solche aus Aluminium. Diese sind allerdings empfindlicher und müssen eher ausgetauscht werden. Zu erwähnen sind auch Nippel mit einer speziellen Gewindebeschichtung, die ein ungewolltes Losdrehen verhindert.

Apropos Material: Zur Speichenherstellung kommen vor allem hochfeste, rostfreie Stähle zum Einsatz, Titanspeichen sind nur ganz am Rande zu finden. Und Aluminium?

Bevor wir dazu kommen, sollte erwähnt werden, dass sich kaum ein Hersteller derart um den Fortschritt des Felgenbaues verdient gemacht hat wie die französische Firma Mavic. Ob geschweißter Stoß, ob überdrehte Felgenflanke und Felgenbett, Keramikbremsflanke, ob Aluminiumspeichen oder Tubeless-System beim Mountainbike, bei all diesen bedeutsamen Entwicklungen mischte der

Hersteller an vorderster Front mit und wurde alsbald zum Synonym für die hochwertige Aluminiumfelge.

Mavic beschloss, sich vom Felgenhersteller zum Laufradbauer zu entwickeln, und dabei die Qualitätsmerkmale der Felgenfertigung in einen industriellen Fertigungsprozess einzubringen, an dessen Ende nicht nur eine Felge, sondern ein ganzes Laufrad stünde. Der Begriff des sogenannten Systemlaufrades war geboren. Im Gegensatz zu den Italienern, die sich aufs Rennrad beschränkten, rollte Mavic auch das Feld der MTBs auf. Mit dem Crossmax startete man auch auf diesem Feld in eine neue Zukunft.

Die Zunft der Komplettanbieter hat sich inzwischen stark vergrößert, wobei wirklich neue Ideen zum Laufrad nur von wenigen eingebracht wurden. Zu den wesentlichen Neuerungen gehörte die Idee von Rolf, Speichen nicht mehr im gleichmäßigen Abstand, sondern immer paarweise dicht beieinander an der Felge zu verankern.

Heute findet man das Patent, bei dem die (Paar-)Speichen also immer gleichzeitig be- und entlastet werden, an Bontrager-Laufrädern.

Wir sprachen von Aluminium als Speichenmaterial: Mavic erfand mal wieder das Rad neu und setzte als erster konsequent auf Aluminium. Durch die „Fore" genannte Technik in Verbindung mit dicken Aluspeichen – welche eigentlich den Linksantrieb erforderlich machten – brachte Mavic die „dichte" Felge ins Spiel und brachte damit auch die Vorraussetzung für

Der neue Schwalbe Racing Ralph – leicht, voluminös und sehr schnell

schlauchlose Fahrradreifen auf den Markt.

Die Idee, mit Laufrädern aus Verbundwerkstoff das Rad neu zu erfinden, ging hingegen sang- und klanglos den Bach hinunter. Namhafte Firmen wie GT, Specialized, Spengle, Spinergy waren die bekanntesten. Heutzutage macht sich mit Xentis erneut ein Wettbewerber auf, vom Kuchen des klassischen Speichenrades zu naschen. Wir werden sehen, mit welchem Erfolg.

Ein entscheidender Faktor für die Performance eines Rades ist die Bereifung. Wenn also Radler unterschiedlichster Provenienz so akribisch auf ihre Bereifung achten, so hat das durchaus seinen Grund. Während früher Baumwollkarkassen mit Naturkautschuk-Protektoren den technischen Mainstream darstellten, findet man heute nur noch Kunstfaserkarkassen (die Karkasse ist, vereinfacht gesprochen, der Reifenunterbau, also die formgebende und kraftübertragende Struktur), bei denen das ständige Luftablassen und wieder Aufpumpen sowie das Aufbocken des Rades entfällt. Der Protektor, auch Lauffläche genannt, besteht inzwischen meist aus einer synthetischen Silica-Mischung, die nicht nur besser in Bezug auf die gewünschten Eigenschaften gemixt werden kann (so sind Zwei-Komponenten-Laufflächen – Mitte hart, Flanken weich – möglich). In die Karkasse sind unter der Lauffläche oft noch zusätzliche Gewebelagen eingebacken, die die Widerstandsfähigkeit gegen Durchstiche erheblich verbessern.

Wir sprachen vom Reifenwulst, der für den sicheren Sitz auf der Felge verantwortlich zeichnet: während dessen starrer Kern beim klassischen Drahtreifen von einem Draht (daher der Name) gebildet wird, findet man in modernen (faltbaren) Konstruktionen einen flexiblen Kern aus Aramidfasern (bekannt als „Kevlar"), der zudem auch wesentlich leichter ist. Beim Bike spielt die Profilierung des Protektors eine ganz erhebliche Rolle – viele der gewünschten Eigenschaften eines Offroad-Reifens werden durch das Reifenprofil in erheblichem Maße definiert. Ob Grip, Lenkeigenschaften, Rollwiderstand oder Selbstreinigung, und nicht zuletzt Image – das Profil mischt mit. Allerdings ist das Offensichtliche nicht immer deckungsgleich mit dem Tatsächlichen. Wie sich ein Reifen fährt, muss man buchstäblich „erfahren". In letzter Zeit hat vor allem die Fa. Bohle mit der Marke Schwalbe auf den Nutzen des dicken Reifens auch für die CC-Szene hingewiesen und mit dem „Racing Ralph" Zeichen gesetzt.

Auch findet in Design und Farbe ein Wettbewerb der Wiedererkennung statt. Michelin führte die „Wildgripper" mit grünen Protektoren in den Markt ein, ein anderer Hersteller machte es sogleich nach. Bei Schwalbe sind es die aus dem Automobilsport bekannten, dicken weißen Schriftzüge, die die Marke selbst in Bewegung noch erkennen lassen.

Wer meint, über die im Reifen versteckten Schläuche brauche man keine Worte zu machen, kennt die Radler nicht. Primär haben sich Butylschläuche durchgesetzt. Es gibt sie in mehreren Gewichtsklassen: je dünner der Schlauch, desto leichter ist er, und desto geschmeidiger rollt er, wenn auch dies manchmal mit einer etwas erhöhten Pannenanfälligkeit erkauft wird. Top in Bezug auf Rollverhalten und Pannenschutz sind Latexschläuche, die allerdings den Nachteil einer stark eingeschränkten Dichtigkeit haben – mit Latex ist spätestens jeden zweiten Tag Aufpumpen angesagt!

Die Firma Wolber unternahm einen halbherzigen Versuch, auch in der Stollenreifenzone mit Schlauchreifen zu landen. Deren Konstruktionen mit in der Decke einvulkanisiertem Schlauch, von den Fahreigenschaften her durchaus leistungsfähig, waren bezüglich ihrer Pannenresistenz mehr als bemerkenswert, jedoch zogen es die weniger konservativen Biker vor, sich die Ferkelei des Reifenklebens zu ersparen und vor allem für ihr Bike nach Möglichkeit mehr als nur zwei Reifenmodelle zur Auswahl zu haben. Das war's dann auch mit dem Schlauchreifen.

Wir deuteten es bereits an: Durch die geschweißte Fore-Technologie legte Mavic die Basis für den Traum vieler Biker: ein Tubeless-System, das die Wahrscheinlichkeit von Reifenpannen, sprich defekten Schläuchen, minimiert. TL-Reifen – beim Auto die pure Selbstverständlichkeit – werden inzwischen von vielen Herstellern angeboten.

2.2.2.

Antrieb

Früher wurden die Komponenten des Antriebs als sogenannte „Gruppe" bezeichnet. Allerdings wurden auch die Sattelstütze und der Vorbau ebenso wie der Steuersatz diesem Themenbereich zugeordnet. In einem gewissen semantischem Widerspruch zum Begriff „Antrieb" steht die Bremsanlage, aber wir wollen sie weiterhin in diesem Themenbereich belassen. Auch die Naben galten als elementarer Bestandteil der „Gruppe", im Zeitalter der Systemlaufräder gilt dies jedoch nicht mehr. Heutzutage wird die Gruppe definiert als eine achtteilige, bestehend aus:

Nokon TrackPearls – sie vereinen gute Schaltfunktion bei engen Verlegeradien mit technischer Ausstrahlung

- 1. Bremsschaltgriffeinheit (abgekürzt ST, steht für ShimanoTotal Integration; neuerdings nennt Shimano seine Bremsschaltgriffe statt ST „DualControl", im Fall der Trennung von Bremshebel und Schalthebel kürzt man ab BL = Brake Lever und SL = Shift Lever)
- 2. Schaltwerk hinten (abgekürzt RD = Rear Derailler)
- 3. Schaltwerk vorne (genannt „Umwerfer", abgekürzt FD = Front Derailler)
- 4. Kurbeln mit Kettenblättern (auch genannt Tretlager, abgekürzt FC = Front Chainwheel)
- 5. Innenlager (abgekürzt BB= Bottom Bracket)
- 6. Zahnkranz (auch genannt Kasette oder Ritzelpaket, abgekürzt CS = Casette Sprocket)
- 7. Kette (abgekürzt CN = Chain)
- 8. Bremse(n) (abgekürzt BR = Brake)

Im Folgenden wollen wir uns den Komponenten im Einzelnen, einschließlich der Pedale, zuwenden.

2.2.2.1.

Bremsschaltgriffeinheit, bzw. Schalthebel und Bremshebel

Seit Shimanos erstem Schritt zur STI hat sich hat sich die Kombination von Schalt- und Bremshebeln zu einer Einheit etabliert. Abgesehen von funktionalen Beweggründen hatte das auch einen machtpolitischen Charakter, wie vor allem beim Thema MTB zu beobachten war.

Shimano Rapidfire – die aktuelle Interpretation eines alten Themas

Der Dual-Control-Hebel polarisiert die Meinungen

Initiator war Shimano, beflügelt von den Ideen der MTB-Ingenieure, eine Kombination der zwei Betätigungshebel zu erfinden, die es ermöglichen sollte, aus einer Griffposition beide Betätigungsarten (Bremsen und Schalten) vollständig und sicher auszuführen. Am Bremshebel wurde wenig entwickelt, der funktionale Fortschritt resultierte jedoch aus per Federkraft selbstrückstellenden Bremshebeln und einer geschickteren Hebelmecha-

nik, gepaart mit weicheren Rückstellfedern der eigentlichen Bremsen und mit Teflon ausgekleideten Zughüllen. An dieser Stelle sollten dem Thema „Seilzüge" ein paar Gedanken gewidmet werden. Dieses System zur Fernbedienung heißt ja auch Bowdenzug. Es ist so wie bei vielen anderen Dinge, dass ein System nach dessen Schöpfer bezeichnet wird und dieser Begriff zum Standard wird. Das System Bowdenzug besteht aus zwei Komponenten, dem Kabel und der Hülle, im Englischen „Cable" und „Housing" genannt. Dieses System wurde, verglichen mit den Anfängen, zu einem Ausbund an technischer Raffinesse entwickelt. Ursprünglich wurde zur Übertragung eine aus einer Drahtspirale gewickelte, mit einer flexiblen Hülle fixierte, biegsame Röhre geschaffen, die zugleich die Möglichkeit der Verlegung in Bögen und die Aufnahme beträchtlicher Druckkräfte bietet. Auf diese Weise können die beträchtlichen, zur Betätigung einer Schaltung (auf deren spezielle Problem kommen wir gleich) oder Bremse benötigten Kräfte „ums Eck" übertragen werden. Abgesehen von Druckfestigkeit und Flexibilität gibt es für das Funktionieren dieses Systems ein anderes wichtiges Kriterium, nämlich den Wirkungsgrad, bedingt durch die Reibung des Kabels im Inneren der Hülle. Entscheidend sind hier die Materialien der Oberflächen – am Kabel wie auch in der Hülle. Geschliffene Edelstahlkabel und die Auskleidung mit Teflonrohren sind mittlerweile guter Standard, manche

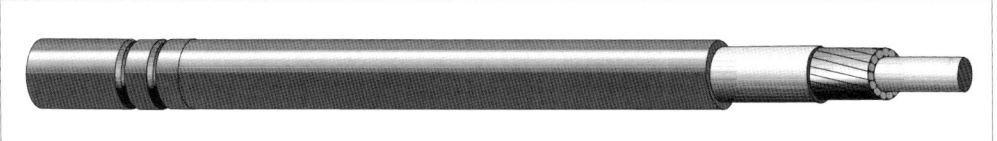

Der Bowdenzug: Hier der Aufbau des Housing (Schaltung)

Hersteller ummanteln auch das Kabel mit Teflon, um den Wirkungsgrad zu steigern, ganz abgesehen von einer möglichen Schmierung. Die früher an den Hüllen zu findenden „Öler" gehören schon länger der Vergangenheit an. Auf die Spitze getrieben wurden diese Ideen in Punkto Gleitfaktor von Gore, dem Erfinder des GoreTex (im Übrigen ein speziell verarbeitetes Teflon) in Form der sogenannten „Ride-On" Kabel.

Der nächste Punkt ist die Verlegung: Das „ums Eck" ist keinesfalls wörtlich zu nehmen, zu enge Biegungen erhöhen die Reibung im System und können es gegebenenfalls beschädigen! Ein weiterer Faktor ist die Anzahl der Biegungen. Dass eine grade Röhre praktisch keine Reibung erzeugt, leuchtet nach kurzem Nachdenken jedermann ein. Mehr Biegungen schaffen mehr Kontaktflächen und damit mehr Reibung.

Der nächste Fortschritt bei den Schaltungen kam – vor dem STI – durch die Einführung der sogenannten positionierenden Schaltung. Das waren Hebel, die pro Gangstufe eine federbelastete Raste aufwiesen und so das dem Anfänger Unbehagen und Unsicherheit verursachende Rühren im Getriebe zu vermeiden halfen. Unsere konservativen Freunde fanden das

gar nicht gut, denn „Schalten können" schied die Männer von den Knaben. Aber der Markt, beflügelt von vielen radwilligen Laien, die zielsicher nach dem „einfach" zu schaltenden System verlangten, regelte auch das. Die „Click"-Schaltung ward geboren, genannt SIS (die Abkürzung für Shimano Index Shifting).

Damit war die Positionierung im Markt und in den Köpfen verankert, und die japanischen Erfinder wollten nun den ergonomischen Overkill. Und da kam eine neue Idee ins Spiel, denn sehr wichtig waren für eine solche Schaltung Bowdenzüge mit möglichst geringer Längselastizität. Irgendwer hatte dann die Idee, die Spirale in der Hülle durch eine Längsverdrahtung zu ersetzen, um den gewünschten Effekt zu erzielen, was auch blendend funktionierte und ein wichtiger Baustein für den Erfolg des STI-Systems wurde. Als allerdings einige Schlauberger danach trachteten, mit diesen Hüllen ihren Bremsen einen trockeneren Druckpunkt zu verleihen, erlitten sie Schiffbruch – diese Hüllen mit Längsverdrahtung neigen bei den hohen Lasten, die eine Bremse fordert, zum Aufplatzen, was zum Totalausfall des Systems führt. Also Vorsicht! Andere, wirklich kluge Leute bastelten denn auch ein System einer mit Kugel- und

Pfannengelenken ausgestatteten, somit flexiblen Aluröhre: die TrackPearls waren geboren – teuer in der Anschaffung, fummelig in der Montage, aber überzeugend im Einsatz.

2.2.2.2.

Schaltwerk hinten (abgekürzt RD = Rear Derailleur)

Im Wesentlichen besteht das Schaltwerk aus dem oberen Teil, der Halterung mit dem Parallelogramm, und dem unteren Teil, dem Kettenspanner mit Leit- (obere) und Spannrolle (untere). Dem Schaltwerk fällt die Aufgabe zu, entsprechend den Befehlen des Schalthebels bzw. des Fahrers die Kette genau auf das gewünschte Ritzel zu transportieren und dort zu führen. Mit Hilfe des Parallelogramms wird nun die Führung der Kette, bestehend aus den Leitblechen und der Leitrolle – welche letztlich zusammen mit beiden Rollen und der Spannfeder den Spanner, also das untere Teil des Schaltwerks bilden – parallel verschoben. Aufgrund der verschiedenen Übersetzungen wäre jeweils eine andere Kettenlänge nötig, denn die Kette soll sich ja immer in einem definierten Spannungszustand befinden, da sonst ihre Neigung, bei dem bei einer Kettenschaltung zwangsläufig entstehenden Schräglauf vom Kettenblatt zu springen, ziemlich unerträglich wäre. Mit Hilfe des Kettenspanners wird dabei „Kette auf Vorrat" genommen oder freigegeben. Die

Das hintere Schaltwerk mit Schrägparallelogramm

entscheidende Entwicklung bei diesem Bauteil war wohl die Erfindung des Schrägparallelogramms – zwar aus Japan, aber mal nicht von Shimano, sondern von der damals noch bedeutsamen Konkurrenz namens SUNTOUR. Inzwischen baut alle Welt alle Schaltwerke im hochwertigen Bereich nach diesem Prinzip.

Wesentlich dabei ist, dass die Bewegung der Leitrolle nicht mehr auf einer kreisbogenförmigen Bahn – die zudem unpassend zur Folge der Ritzelgröße und dadurch bedingt relativ weit entfernt von den Ritzeln – hin und her geschwenkt wird, sondern dicht an der Kontur des Zahnkranzes entlang geführt wird. Dadurch wird ein präziseres, schnelleres Schalten möglich.

Der Schaltvorgang bei einer Kettenschaltung benötigt eine möglichst zügig laufende Kette und bedeutete früher aber auch in beiden Schaltrichtungen eine Zugkraftunterbrechung. Insofern war ein möglichst kurzer Schaltvorgang von jeher angestrebt. Ein solcher Gangwechsel ließ sich jedoch nur mit einem relativ ausgeprägten „Überschalten" herbeiführen, das bedeutet, das Schaltwerk musste zunächst immer etwas weiter als zur angesteuerten Ritzelposition geführt werden, um die seitliche Elastizität der Kette zu kompensieren, und dann – sobald die Kette auf dem passenden Gang zu liegen kam – schnell wieder exakt „auf Position" gebracht werden. Denn erst dann konnte die Kette wieder richtig belastet werden. Wichtig: Die modernen positionierenden Schalthebel simulieren dieses Überschalten automatisiert in abgeschwächter Form!

Es leuchtet ein, dass eine Führung der Kette dicht am Zahnkranz entlang diesen Vorgang erleichtert. Abgesehen von der speziellen „hyperglidenden" Ritzeltechnik, wie man sie jetzt überall findet, ist eine positionierende Schaltung ohne diese enge Führung kaum funktionstüchtig. Eine besondere Funktion kommt dabei auch der Leitrolle zu. Natürlich sollte sie die Kette möglichst exakt führen – auf der anderen Seite entstehen durch den Schräglauf der Kette leichte Ungereimtheiten bezüglich der Kettenlinie. Dies kompensiert eine seitlich um ca. einen Millimeter verschiebbare Leitrolle – was wiederum ein umso ausge-

prägteres Überschalten erfordert. Je nach der benötigten Längenänderung der Kette – bedingt durch die Größenunterschiede bei den Ritzeln, aber auch bei den Kettenblättern – muss der Spanner entsprechend dimensioniert sein; je nach dessen Länge kann er mehr oder weniger Kette aufnehmen. Man spricht dabei von seiner Kapazität. Diese lässt sich in einer Zahl ausdrücken: die Kapazität ist die Differenz der Summe der Zähnezahlen zwischen der längstmöglichen Kettenlinie (vorne groß, hinten groß) und der kürzestmöglichen Kettenlinie (vorne klein, hinten klein).

2.2.2.3.

Schaltwerk vorne (genannt „Umwerfer", abgekürzt FD = Front Derailleur)

Bei diesem Bauteil passt der alte Begriff „Werfer" ganz gut, wird doch die Kette vom größeren aufs kleinere Blatt heruntergeworfen, während die Bewegung aufs größere Blatt ganz treffend als ein Hinüber- und Hinaufdrücken beschrieben werden kann.

Vor allem vor der Erfindung der Schalthilfen an den Kettenblättern konnte der Schaltvorgang kaum anders genannt werden. Gerade bei diesem Bauteil wird die Verzahnung verschiedener Baugruppen als System sehr gut sichtbar. Kette, Schaltwerk bzw. Umwerfer und Zahnräder bilden ein vernetztes System, in dem die Kette steigt, anstatt gewuchtet zu werden.

Downswing-Umwerfer mit beidseitiger Ansteuerungsoption

Unterscheiden muss man weiterhin das sogenannte Cablerouting, je nachdem, ob das den Umwerfer steuernde Kabel von oben oder unten kommt (Top-Route bzw. Down-Route). Die neuesten Baumuster haben das sogenannte Dual-Pull, sind also für beide Kabelführungen passend.

Grundsätzlich gibt es zwei Bauarten des Umwerfers. Beim klassischen oder konventionellen Modell liegt der Käfig unter der Aufhängung am Rahmen, er wird deshalb „Down-Swing" genannt. Um jedoch die Freiheit des Konstrukteurs bei der Federung nicht einzuschränken, kam das sogenannte „Top-Swing"-Modell hinzu, welches zudem mit geringeren Schaltkräften auskommt. Hier liegt die Schelle unterhalb des Käfigs. Eine spezielle Angelegenheit ist die Befestigung des Umwerfers mit Innenlagerbefestigung und einer Schraube am Sattelrohr – man nennt diese Spezies E-Type-Umwerfer.

Beim Umwerfer gibt es abgesehen von der Schaltbewegung keine beweglichen Teile, auch wenn Shimano bei der XTR-Gruppe zeitweise mit einem variablem Umwerferkäfig experimentierte. Auffällig sind jedoch die Profile der Umwerferkäfige, gerade bei den Exemplaren, die für dreifache Kettenblätter gedacht sind, um die Kette auf der jeweiligen Höhe des aktuellen Blattes zwecks schnellem Schaltvorgang optimal führen zu können.

Ein anderer Punkt ist die Anpassung an den Winkel zwischen Kettenstrebe und Sattelrohr, an dem der Werfer montiert ist. So ist bei den sogenannten Trekking- und Fitnessbikes dieser Winkel um ca. 3 Grad enger als beim Mountainbike. Das Fenster, in dem ein solcher Umwerfer korrekt arbeitet, ist um so enger, je mehr Gänge das Rad besitzt.

Sonderfall Getriebenabe

Jenseits all dieser Überlegungen kommt ein gänzlich neues und zugleich sehr altes Produkt wieder ins Gespräch: Die Getriebenabe. Seit der guten Torpedo-Dreigangnabe mit und ohne Rücktrittbremse ist die Technik fortgeschritten. Allerdings galt diese Erfindung nur etwas in der Szene der Alltagsräder. Bis Meister Rohloff kam, der, mit diesem Zustand unzufrieden, das anscheinend Unmögliche möglich machte und eine Getriebenabe schuf, die in der Bandbreite der Übersetzung und den Abstufungen der Zahl und der Folgerichtigkeit nach einer Kettenschaltung mit 24 oder 27 Gängen in nichts nachsteht. Ein primäres Problem war der Wirkungsgrad. Die klassische Getriebenabe mit 3-7 Abstufungen hatte einen Wirkungsgrad von etwa 87-95 %. Fürs Brötchenholen um die Ecke mag das taugen, aber im Sport, wo mit jedem Gramm gegeizt wird und Performance zählt, war das gegenüber dem Kettenantreib mit um die 95-98 % Wirkungsgrad nicht akzeptabel. Durch exakte Fertigung und sorgfältige Lagerung aller bewegten und bewegenden Teile konnte das Niveau von Meister Rohloffs Produkt auf ein ähnlich hohes Niveau

Das Wunderwerk Rohloff-Nabe

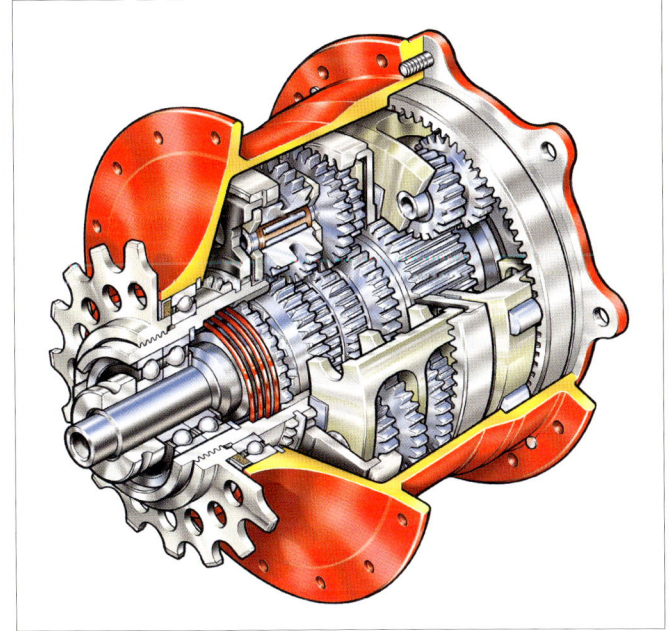

Die 14-Gang-Rohloff-Getriebenabe ist ein technisches Wunderwerk, nicht zuletzt aufgrund ihrer hohen Zuverlässigkeit

Kurbeln mit Kettenblättern und Innenlager - RaceFace X-Type

gehievt werden. Nur das etwas höhere Gewicht und vor allem der Preis, den soviel Technik verlangt, sind noch die Hindernisse auf dem Siegeszug dieses Wunderwerkes – ein Anfang ist gemacht.

2.2.2.4.

Kurbel und Kettenblätter

(auch genannt Tretlager, abgekürzt FC = Front Chainwheel) und

2.2.2.5.

Innenlager

(abgekürzt BB= Bottom Bracket)
Diese beiden Komponenten möchten wir zusammengefasst besprechen aus Gründen, die später einleuchten werden. Das Tretlager ist eine Komponente, die gerne für Verwechslungen sorgt. Manche sprechen von Pedalen, meinen aber die Kurbeln, oder das Innenlager, also die gelagerte Welle, um die sich das ganze dreht. Im Shimanoisch heißt das ganze „FrontChainwheel", abgekürzt FC, was auf gut Deutsch vorderes Kettenrad bedeutet, während das Innenlager „Bottom Bracket" genannt wird, abgekürzt „BB", auf gut Deutsch „unteres Verbindungsteil", zwischen den beiden Tretkurbeln nämlich. Wir nennen es der Einfachheit halber Kurbelsatz mit Innenlager.

Letzten Endes müssen bei dieser Antriebseinheit immer wieder bestimmte Funktionen durch mehr oder weniger ähnlich gestaltete Bauteile ausgeführt werden, und so besteht das alles, von der Funktion her betrachtet, aus:

• Lagerung im Rahmen
• Kurbeln
• Verbindung der Kurbeln
• Kettenblättern

Die Anfänge waren bescheidener Natur, aber prinzipiell finden wir heute im Spitzenbereich die gute alte Basistechnik. Gegen wir einfach von innen nach außen vor.

Auch heute noch gibt es im BMX-Bereich Kurbeln, die mit der Welle eine Einheit bilden. In der klassischen Radsporttechnik sind diese Bauteile jedoch getrennt. Die Welle dient der Lagerung im Rahmen und der kraftschlüssigen Verbindung der beiden Kurbelarme. Standard der Verbindung zwischen Kurbeln und Welle war hier bisher der Vierkant ganz nach alter Väter Sitte.

Gelagert wird die Welle im Rahmen in der Regel mit Kugellagern, seltener auch mit Kegelrollen- oder Nadellagern. Die im Tretlager auftretenden Kräfte sind mit konventionellen Kugellagern leicht beherrschbar, so dass keinerlei Notwendigkeit besteht, hier auf aufwändigere Lösungen zurückzugreifen.

Anders sieht es bei der Welle selbst aus, und letztlich dienten alle Ansätze einer Alternative in punkto Lagerung eigentlich dem Ziel, eine Welle von höherer Verdrill- und vor allem Biegesteifigkeit zu integrieren. Zugleich wollte man das Wartungsproblem lösen, in dem man die durch fehlerhafte Einstellungen oder mangelnde Schmierung sehr schnell defekten Lagerungen gegen derlei Anfälligkeiten zu schützen versuchte.

Bekannt sind hier zum Beispiel die Versuche der beiden Garys – Klein und Fisher – mit in den Rahmen eingepressten Industrie-Rillenkugellagern. Nur waren diese Lager sehr schwer auszutauschen, ebenso die zugegebenermaßen robusten Wellen, falls man eine andere Achslänge benötigte.

Tune-Kettenblätter aus Carbon

Klassische Innenlager werden in den Rahmen eingeschraubt – zu den Standards später mehr – und dabei eingestellt. Shimano brachte wie schon andere Hersteller zuvor die Idee zu großer Verbreitung, eine bereits perfekt vormontierte Lagerpatrone als Einheit in den Rahmen einzuschrauben und so das Wartungsproblem vom Antlitz der Erde zu tilgen. Die Biege- und auch die Torsionssteifigkeit der Welle aber ist ein Problem ihres Durchmessers und ihrer Länge. Zunächst wurde der Weg beschritten, die Wellen per vergrößerter Kurbelkröpfung kürzer machen zu können, so dass die Wellenzapfen weniger aus dem Gehäuse ragen und so den Biegekräften weniger Hebelarm bleibt. Was aber insofern ein Trugschluss ist, als ja der gesamte Hebelarm von der Trittfläche des Pedals in Rechnung gestellt werden muss, und der Pedaloffset hängt mehr von der Breite des Rahmenhinterbaus ab – denn an diesem müssen die Füße und Pedale auf ihrer kreiselnden Bahn irgenwie vorbei.

Außerdem biegt sich die Welle, je weiter die Lager auseinanderliegen, zwischen ihnen um so mehr durch – die Welle soll also dicker werden, um Biegung und Torsion besser in den Griff zu bekommen. Da aber die Rahmenabmessungen feststehen – wer wollte es wagen, einen neuen Tretlagergehäusedurchmesser im Rahmen zu definieren – und die Lager ja eine gewisse Kugelgröße brauchen, war eine natürliche Grenze für das Durchmesserwachstum der Wellen gesetzt.

Shimano startete mit einem ersten Versuch mit dem Octalink-System und einer im Durchmesser vergrößerten Welle, die – sehr aufwändig – radial mit Nadeln und axial mit besonders kleinen Kugeln gelagert war, bei der Edelgruppe XTR hoffnungsvoll in ein neues Zeitalter der Tretlagerung. Jedoch hatten genau diese Lager wieder das Problem der Einstellung und der Wartung (was reichlich und dem Image abträgliche Defekte zur Folge hatte), und die preiswerteren Versionen dieses Systems hatten beim Wellendurchmesser einen zu geringen Vorteil. Auch wenn die Konkurrenz binnen kurzem mit dem sogenannten ISIS-System nachzog, tat sie doch nichts anderes, als den verschlungenen Wegen des Marketings – Änderungen um jeden Preis – zu folgen.

Denn unsere schlauen Japaner hatten weitergedacht und wieder eine heilige Kuh geschlachtet, um das Problem einer wirklich steifen Welle zu lösen. So kommt es, dass die jüngsten Kreationen unser marktbeherrschenden Freunde mit auf der Welle geklemmten linken Kurbeln unterwegs sind, ganz so, wie es im BMX Sektor seit geraumer Zeit erfolgreich praktiziert wird.

Die Lagerung der Welle liegt jetzt außerhalb des eigentlichen Gehäuses in separaten eingeschraubten Einheiten, damit wird die Stützbreite vergrößert – was den Hebelarm des Pedals erstmals wirklich verkürzt und zugleich den Lager- und damit vor allem den Wellendurchmesser entscheidend vergrößert. Zwei Fliegen mit einer Klappe! Und es scheint auch mit dem Downgrading zu funktionieren – im Herbst 2004 wurde dieses System auch für die LX Gruppe vorgestellt.

Auch soll nicht verschwiegen werden, dass die Idee, an der Tretlagerwelle Gewicht zu sparen, zur Idee der Titanwelle führte, was aber die Elastizität dieser Welle noch deutlich steigerte (vgl. Rahmen und Material). Auch wenn Schrägkugellager für Wellendurchbiegung relativ empfänglich sind, war damit doch des Guten zu viel getan. Titanwellen jedenfalls gehören der Geschichte an, auch wenn der eine oder andere Nischenhersteller immer wieder versucht, dieses Material ins Spiel zu bringen. Zu weich, zu teuer, aus.

Machen wir weiter mit den Kurbeln. Während die linke Kurbel eine simple Konstruktion darstellt, ist die rechte, bedingt durch ihre komplexere Aufgabenstellung, auch aufwendiger geformt. Denn die Kräfte der beiden Kurbeln müssen in die Kettenblätter eingeleitet werden. Bei höherwertigen Komponenten verbietet sich die Einheit von Kurbel und Kettenblättern, im allgemeinen werden die Kettenblätter austauschbar ausgeführt, zumindest im dem Bereich der hochwertigen Komponenten.

Die Kettenblätter sind an den sogenannten Kurbelarmen befestigt, die den sogenannten Kurbelstern oder Spiderarm bilden. Dieser war zunächst ein eigenständiges Bauteil, welches per Verschraubung, Verpressung, Vernietung oder Verklebung an der rechten Kurbel befestigt war. Bald fanden sich zumindest im Sektor der radtechnischen Erhabenheit fast nur noch einteilige, geschmiedete Kurbeln. Die höchste Güteklasse stellt das sogenannte Kaltschmiedeverfahren dar, bei dem aus einem kalten Halbzeug in einem oder mehreren Arbeitsgängen der Kurbelrohling gefertigt wird.

Mittlerweile ist auch hier wieder ein Wandel eingetreten, nicht nur bei kleinen Edelherstellern wie Syncros, RaceFace oder Tune – wenn auch jeweils aus anderen Gründen. Shimano nahm – womöglich inspiriert von den aus Stahlrohr geschweißten Kurbeln von Syncros – die Idee der Rohrkubel ernst und schuf mit der Hollowtech-Idee eine neue Generation leichter, besonders steifer, wenn auch durch ihre voluminöse Form etwas plumperer Kurbeln. Und zum Teil mehrteilig – der Kurbelstern ist bei manchen Mustern wieder ein separates Bauteil. Nicht vergessen sollte man auch, dass das Design der Kurbel einen prägenden Einfluss auf das Design des gesamten Rades hat und Aluminium als Werkstoff auch immer selbstähnliche Lösungen produzierte.

Was blieb da den andern Herstellern, um sich vom Marktführer optisch und technologisch abzusetzen? Stahl – hatten wir schon genannt, Syncros scheiterte letztlich mit dieser Idee. Titan – keine leichte Aufgabe für diesen äußerst schwer zu bearbeitenden Werkstoff. Doch auch dieses Ding wurde gemacht, von IBI – ohne Erfolg. Verbundmaterial? Zwei der ersten Kurbeln, die das Prädikat funktionierend und marktgängig verdienen, waren die von FSA und RaceFace. Und beide waren Skelettkonstruktionen – bei R.F. ein Exo-, bei FSA ein Endoskelett. Hier wurden die Vorteile von Aluminium und Carbon gut unter einen Hut gebracht, doch mittlerweile gab es reine Aluminiumkonstruktionen, die preiswerter und leichter und steifer waren – aus Shimanos Schmiede. Auch die Versuche von Storck, mit einer Carbonkurbel zu reüssieren, waren von lediglich bescheidenem Erfolg gekrönt. Inzwischen gibt es von FSA und dem deutschen Nobelhersteller THM Carbones auch im MTB-Bereich hohle Vollcarbonkurbeln, jedoch reduziert sich deren Vorteil gegenüber einer aktuellen Shimano-XTR-Kurbel meist auf die eigenständige Optik. In Sachen Performance sind da keine Punkte gegen das japanische

Produkt zu holen, beim Gewicht zumindest nicht viel. Nur im Rennradsektor haben die Italiener, seit neuestem auf dem Carbontrip (Ergopower), nicht locker gelassen und stellten eine Carbonkurbel vor, die den Namen auch wirklich verdient.

Die letzte Komponente des Tretlager-Ensembles sind die Kettenblätter. Da ist und bleibt Aluminium State of the art. Kettenblätter aus Stahl oder Titan findet man allenfalls beim „granny gear", dem kleinen Blatt der MTB-Kurbel. Tune allerdings, immer auf der Suche nach Erweiterung des Gewichtshorizontes, hat im Jahre 2004 die ersten funktionierenden Carbonblätter vorgestellt.

Mit dem Mountainbike kam überhaupt etwas Neues ins Spiel: die benötigte Übersetzungsbandbreite stieg an, das dritte Kettenblatt wurde unerlässlich – zumindest für die breite Masse der Biker. Racer hingegen fahren beim CC-Race meist auf der großen Scheibe, selten auf dem mittleren Blatt, so gut wie nie auf dem „granny (=Oma!) gear". Abgesehen vom Material und der Zähne- und Blattanzahl hat es auch beim Kettenrad eine kleine Revolution gegeben. Die Schalthilfe hat Gangwechsel mit Leichtigkeit auch unter – wengleich nicht allzu hoher – Last möglich gemacht. Was dem Zahnkranz sein Hyperglide, Exadrive etc. ist, ist dem Kettenblatt das Hyperdrive C und so weiter. Auch hier hat Shimano Maßstäbe gesetzt.

2.2.2.6.

Zahnkranz (auch genannt Kasette oder Ritzelpaket, abgekürzt CS = Casette Sprocket)

Inzwischen sind wir bei der Zehn angelangt – beim Rennrad. Auch wenn es beim MTB bisher nur neun Ritzel auf einer Kasette sind – bisher kam immer der Transfer. Und es ist genauso wie damals, als die erste Gruppe mit einem Achtfach-Zahnkranz vorgestellt wurde: Die Frage „Wie kann das gutgehen?" steht wieder im Raum. Ende der Achtziger stellte eine Neuentwicklung den entscheidenden Sprung ins neue Zeitalter dar. Hyperglide, abgekürzt HG, ward geboren – der erste lastschaltbare Kranz. Dazu muss man sich klarmachen, dass das Schalten seit jeher eine Kunst war, wenn es darum ging, die Gänge schnell und lautlos zu wechseln. Vor allem ging es darum, durch das Zurücknehmen der Tretlast bei gleichzeitiger Beibehaltung der Tretgeschwindigkeit zusammen mit gekonntem Überschalten ein möglichst schnelles Einfädeln der Kette auf dem neuen Zahnkranz der Wahl zu realisieren. Unsere schlauen, innovativen, von keinerlei konservativen Ressentiments behinderten Japaner aber dachten weiter. Wie wäre es, einen Zahnkranz so zu konstruieren, dass beim Schaltvorgang die Kette nicht mehr den Kraftschluss verliert? Die Antwort lautete: indem die Ritzel so zueinander gruppiert werden, dass die Kette beim Umstei-

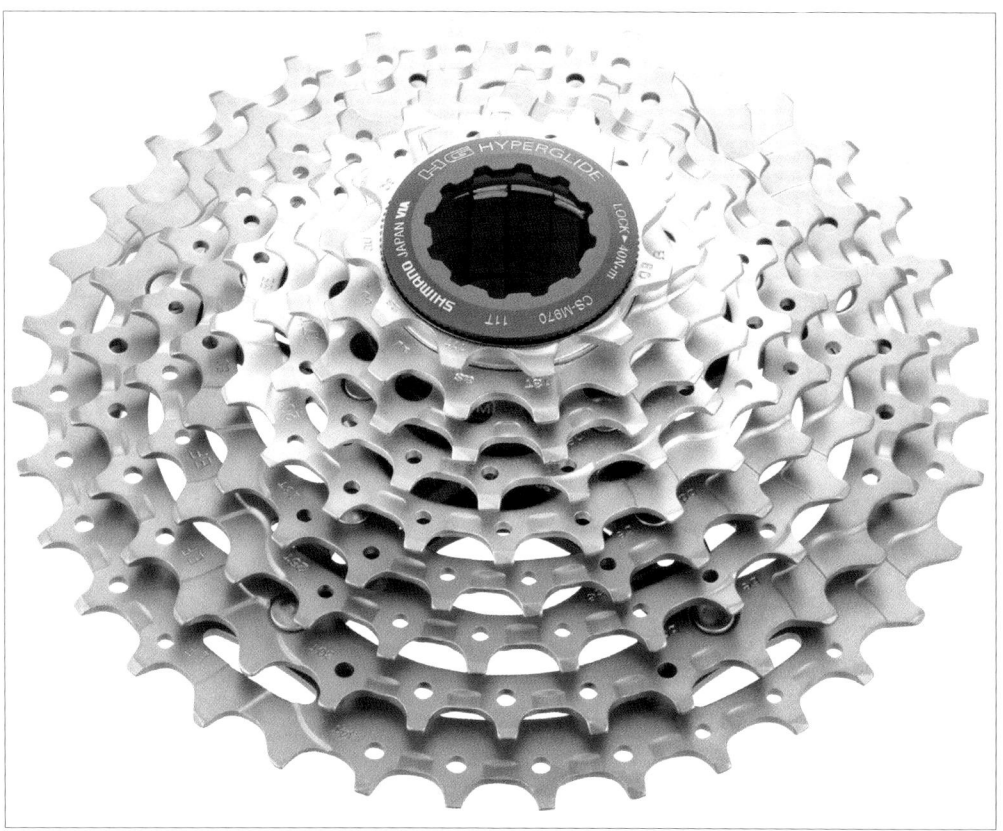

Der moderne Zahnkranz – als Kassette mit Schaltweichen

gen vom tieferen Ritzel zum höheren immer im Eingriff bleibt. Dazu wurden besondere Weichen in die Zahnräder hinein geformt, die der Kette genau einen solchen Übergang ermöglichten (was nebenbei bemerkt eine neue Konstruktion der Ketten erforderlich machte, dazu später mehr). Auf diese Weise wurde ein unter voller Last schaltbarer Antrieb geschaffen, zumindest, soweit es den hinteren Kranz und den Wechsel von einer schweren auf eine leichtere Übersetzung betraf. Ganz klar, dass diese Kreation die positionierende Schaltung beflügelte – das Schalten mit relativ wenig Ge-

fühl ermöglichte auch einem Anfänger perfekte Gangwechsel.

Natürlich mussten auf diese Weise die Ritzel in einer definierten Stellung, genannt gleichphasig, zueinander stehen. Bei dieser Konstruktion wurde der Freilauf mit der Nabe kombiniert, und die Ritzel konnten auf einem durchgehenden Profil auf die Kasette aufgesteckt werden. Diejenigen, die die gute alte Zeit noch kennen, wissen, welch ein Sammelsurium an verschieden Kränzen mit großem Loch, kleinem Loch, großem Gewinde und kleinem Gewinde und den dazu passenden Distanzringen nötig war, um einen Kranz in der gewünschten Abstufung herzustellen. Bei der Kassette waren nur Ritzel einer Sorte plus einem Abschlussritzel mit Gewinde nötig, was den logistischen Aufwand auf vertretbare Größenordnungen reduzierte.

Fürs MTB wurde HG erst siebenstufig eingeführt – schließlich hatte man ja drei Kettenblätter auf der Kurbel zur Verfügung und das feinziselierte hochfrequente Treten der Straßenfahrer war seit je her nicht so das Ding der Biker. Hier allerdings ging ein paar Jahre später Shimano einen Schritt weiter: man wollte auch den Schaltvorgang vom größeren aufs kleinere Ritzel unter Last möglich machen. Zunächst hatte man sich daran nicht gewagt, denn unter Last war das Schaltwerk, nur durch seine Federkraft beflügelt, nicht bereit, auf das kleinere Ritzel hinabzusteigen, und wenn, dann nur mit deutlichem Geräusch, aber nicht wirklich unter Last. IG – Interaktive Glide – bot eine zweite Weichenbahn abwärts: man erkennt am Muster des Zahnkranzes leicht das zusätzliche Profil. Dazu kam eine neue Beanspruchung der Kette – IG-Ketten mussten ein spezielles Profil an den Laschen aufweisen, um durch die engen Schluchten der Kränze zu gleiten. Und noch eine Idee tauchte in diesem Zusammenhang auf: die des inversen Schaltwerkes, denn dank HG stieg die Kette auch unter Last leicht hinauf, und da reicht die Federkraft – so mag ein schlauer Kopf gedacht haben –, wenn wir den Krafteinsatz des Schalters nutzen, um die Kette auf eine niedere Bahn zu zwingen. IG ist inzwischen wieder eingemottet (das inverse Schaltwerk wird mit Nachdruck forciert) – wieso? Eine Antwort wissen wir nicht, aber es darf ja wohl laut gedacht werden: Wieder einer der Irrwege, die eine Entwicklungsabteilung beschritt?

2.2.2.7.

Kette (abgekürzt CN = Chain)

Die Kette ist ein geplagtes Bauteil. Keine Komponente wird solchem Stress ausgesetzt: beim Fahren steht sie fast permanent unter Spannung. Früher war das Leben der Kette einfach: einfach grade dahin rollen, fertig. Aber diese Kettenschaltungen? Da soll die Kette plötzlich flexibel sein – der Seite nach, und sich der Quälerei des Schaltens aussetzen. Dass Antriebsketten verschleißen, ist kein Wunder – ganz abgesehen von der Pflege, die oft nur mangelhaft ist. Doch um die Kette besser zu verstehen, wollen wir sie etwas zergliedern und zeigen, was im Kettenantrieb eigentlich passiert.

Richtig bezeichnet heißt so eine Kette nämlich Rollenkette. Der Name kommt daher, dass die Kette mit ihren Rollen in die Zahnräder greift und innerhalb dieser Rollen die für die Umschlingung des Zahnkranzes notwendigen Gleitbewegungen ausführt. Am besten, wir zerlegen so eine Kette einmal und betrachten ihre Bauteile Stück für Stück.

Rollenkette

Ein Glied – das ist die Maßeinheit einer Rollenkette – besteht aus zwei Innenlaschen, zwei Außenlaschen, zwei Bolzen und zwei Rollen. Die Drehbewegung beim Umschlingen der Ritzel bzw. des Kettenblatts erfolgt zwischen den Rollen und den Innenlaschenkragen und zwischen Innenlaschen und Bolzen. Damit wird auch sogleich klar, wo so eine Kette geschmiert werden muss: natürlich an den Stellen, wo Reibung auftritt, nämlich an den Kontaktstellen (s.o.). Und genau hier findet auch der Verschleiß der Kette statt, denn so eine Kette dehnt sich ja nicht etwa. Es werden nicht die Laschen länger, sondern das Spiel zwischen Bolzen und Innenlaschen wird immer größer, auch verformen sich die Bolzen mitunter an den Kontaktflächen pilzförmig. Natürlich gibt es auch einen Verschleiß zwischen Rolleninnenseite und Innenlasche, aber jetzt kommt der Knackpunkt: die Abstände zwischen den Rollen,

bedingt durch den Rollenverschleiß, ändert nichts an der Kettenteilung. Aber der Verschleiß zwischen Bolzen und Innenlaschen sorgt dafür, dass der Abstand zwischen den Innenlaschen immer größer wird, während die Innenlasche sich ja nicht dehnt. Beim Lauf der Kette folgt auf ein Rollenpaar im Sollmaß dann ein Rollenpaar mit größerem Abstand. Und das schmerzt die Ritzel!

Übrigens: weil die Rollen selbst nicht auf der Kette reiben – denn die Drehung findet in der Kette, in den Rollen statt – bedürfen die Ritzel auch nicht der Schmierung. Das Schmiermittel außen auf Kette und Ritzel dient allenfalls dem Korrosionsschutz, ansonsten verbündet es sich mit Staub und Schmutz zu einer ritzelverschleißfördernden Schleifpaste (weswegen Smoliks alter Tipp, die Kette innen ölig, außen aber trocken, z.B. mit Wachs, zu präparieren, leicht zu begreifen ist).

2.2.2.8.

Bremse(n)
(abgekürzt BR = Brake)

Zu den Merkwürdigkeiten des Fahrrades gehört, dass alle Welt die Hauptbremse „mit rechts" betätigt. Aufgrund
der dynamischen Radlastverschie-
bung ist die Hauptbremse beim Fahrrad die vordere, doch sie wird mit der
linken Hand dosiert. Warum, weiß kein
Mensch! Während beim Rennrad die
Bremsenentwicklung eher konservativ verlief, fand beim Mountainbike
eine geradezu stürmische Entwicklung statt. Die vom Crossrad, einem
Rennrad fürs „Gelände", bekannten
Cantileverbremsen waren der Anfang.
Anders als beim Rennrad war durch
die Downhill-Disziplin Bremsen zu einer fahrdynamischen Übung mutiert
– das optimale Anbremsen von engen
Kurven aus hohen Tempi jenseits der
80 oder 90 km/h war eine Möglichkeit,
die Abfahrt in einer schnelleren Zeit zu
absolvieren. Dazu kam das Einleiten
von Slides per Bremse – eine Fahr-
technik, die an den Powerslide der
Rallyeszene erinnert. Um den Lenker
trotzdem fest im Griff zu haben, war
eine Bremse mit mehr Leistung angesagt: Dosierung bis zum Blockie-
ren mit einem Finger. Magura konterte
mit den Hydraulikbremsen: die „HS 33
Race Line" mit ihrem fluoreszierenden
Gelb machte die Runde in der Szene.
Jedermann sah das leuchtende Gelb
an den Rädern der Wettkämpfer – eine
bessere Werbung ließ sich kaum vor-

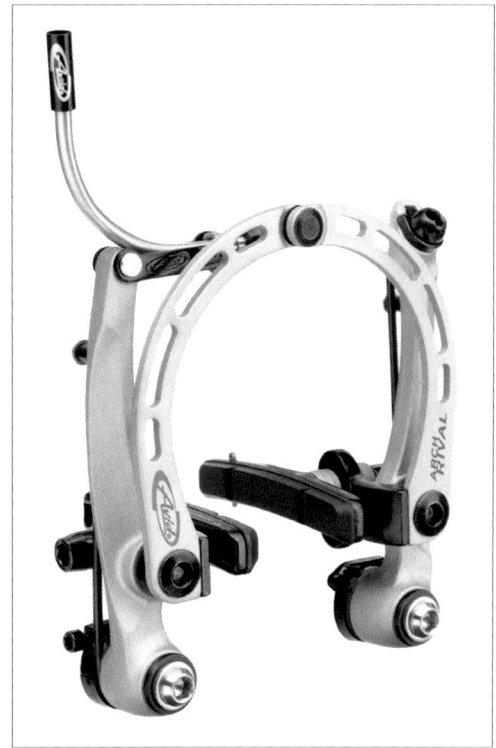

*Der Höhepunkt der mechanischen
Felgenbremsen – die V-Brake*

stellen. Interessanterweise kam dieser
Erfolg trotz Shimanos Weigerung, zu
jener Zeit einzelne Schalthebel anzubieten. Aber da sprang einerseits
SRAM mit der „Grip Shift" in die Bre-
sche, andererseits boten Magura und
andere Anbieter Adapter, auf denen
man flugs die vom STI demontierten
Rapidfires nutzen konnte.
Zu jener Zeit begann ein italienischer
Hersteller namens Formula, den hydraulischen Gedanken aufzugrei-
fen, und brachte die erste akzeptable Scheibenbremse auf den Markt
– ähnlich wie Sachs und später auch
Cannondale, die aber beide letztlich
scheiterten. Eines der zentralen Pro-

Avid Ultimate: Leicht, zuverlässig und stark

bleme war zu filigrane Technik der Belagverschleißnachstellung, ein anderes die nicht sonderlich überzeugende Bremsleistung, ein drittes der fehlende Ausgleichsbehälter, welcher ein Stecken der Bremse bei der für Scheibenbremsen typischen Erhitzung der Bremsflüssigkeit hätte verhindern können.

Shimano konterte mit der XT-V-Brake, die die gute alte mechanische Felgenbremse wieder ins Spiel brachte, zudem ausgestattet mit der Raffinesse einer an ein Parallelogramm gebundenen Belagführung, welche den Belagverschleiß optimierte. Die Bremswirkung war umwerfend gut. Aber die Gelenke bargen auch ein Problem: heftige Quietschgeräusche auch bei Trockenheit raubten vielen Usern den letzten Nerv. Magura antwortete mit einer Anpassung der Hydraulik an das höhere Leistungsniveau und hielt

damit leistungsmäßig dagegen. Und setzte noch eins oben drauf, denn als nun anerkannter Spezialist für Bremskomponenten konnte man sich eines fast untergegangenen Themas annehmen. Nach Formula hätte das Thema Scheibenbremse passé sein können. Jedoch: jetzt kam Magura erst richtig in Fahrt und konnte das erste Produkt im Dunstkreis Scheibenbremse mit Donnergetöse in den Markt bringen, das auf seine Art wirklich funktionierte. Selten hat eine Komponente einen solchen Widerhall gefunden wie die „Gustav M", bei deren Namensgebung – abgeleitet vom Firmengründer Gustav Magenwirth – Magura mit schwäbischer Verschmitztheit mit dem verstaubten Image deutscher Manufakturei ein für allemal Schluss machte.

Natürlich hatte man die Konkurrenz gereizt mit dem zum Markenzeichen gewordenen Raceline-Gelb, zumal auf dem spektakulärsten aller Felder, dem Downhill, der Königsdisziplin der Biker, dort, wo die Kameras die Atmosphäre des Wettkampfes in einer wahren Bilderflut in die Magazine brachten. Bald wurde mit der „Louise", ehedem Gustavs Weib, eine CC-Version nachgeschoben, und Shimano brachte mit der XT-Vierkolbenbremse ein technisch wunderbares Pendant. Der Markt war wieder eröffnet – die Scheibenbremse lebt und wird von Jahr zu Jahr verfeinert. Aber Shimano ist in diesem Bereich nicht mehr alleiniger Platzhirsch. Namen wie Magura, Formula, Hayes und Hope sind die Codes, die sich die Fans ins Ohr flüstern.

xieren könnte, gäbe es einen großen Zugewinn an Kraftentwicklung. Dann endlich kann man kurbeln – nicht nur treten! Wobei hier angemerkt sei, dass eine hundertprozentige Effizienz gar nicht möglich ist: die Anatomie des menschlichen Beines lässt bei allem Trainingsfleiß eine solche Bewegung letzten Endes nicht zu. Aber bei der Überwindung der Totpunkte, also in der oberen und der unteren Phase des Tretzyklus durch Schub nach vorne und Zug nach hinten bzw. der fließenden Integration dieser zusätzlichen Anstrengung in den Tretzyklus, ist schon viel gewonnen. Bis hierher ist alles unstrittig. Aber wie wurde das technisch gelöst? Indem man, kurz gesagt, den Fuß am Pedal festschnallte. Fest! Natürlich waren es

2.2.2.9.

Pedale

Die Pedale sind die Dinger, wo man drauftritt. Irgendwo müssen die Füße ja hin. Scherz beseite... Nicht umsonst nennt man den Radler auch „Pedalritter". Wir haben das Problem der Umsetzung einer eher geradlinigen Kraftentwicklung in eine kreisförmige bereits angerissen. Denn wenn man nur aufs Pedal tritt, bleiben pro Bein nur etwa 120 Grad, das heißt ein Drittel des Pedalzyklus, übrig. Da es bei der Effektivität des Pedalierens um den Fortschritt im Kleinen geht, fiel natürlich eins schnell ins Auge: das Pedal. Denn wenn man den Fuß am Pedal fi-

So fing es an mit den Bike-Pedalen...

wieder einmal Franzosen, die das alles nicht akzeptieren wollten und eine Möglichkeit witterten, mit einer Innovation Geld zu verdienen, wie sie das schon im Bereich des Wintersports vorgeführt hatten.

Denn beim Schi hatte das Festschnallen schon längst ausgedient – Einklicken war das Zauberwort! Und bis heute spricht man vom „Klick"-Pedal, zumindest in unserem Sprachraum. Und als Bernard Hinault mit dem neuen Pedal bei der Tour einen grandiosen Sieg einfuhr, begann die konservative Radwelt zu schlucken – und sich anzupassen.

Beim MTB waren es zunächst die sogenannten Bärentatzen, die die Kräfte übertragen sollten. Denn beim Biken kommt ja in verstärktem Maße Schmutz ins Spiel – diese Pedale besaßen besonders grob profilierte Rahmen. Aber die erfinderischen Japaner dachten wieder einmal weiter und überlegten, wie sich die Idee von Look sinnvoll auf die spezifischen Anforderungen der Mountainbiker übertragen ließe. Und so ward das „SPD"-System geboren – eine Adaption, die ein Pedal mit zwei Mechanismen zum Einklicken auf Ober- und Unterseite des Pedals ermöglichte. So konnte man, ohne lang die richtige Seite des Pedals zu suchen, auch in der Bewegung des Tretzyklus „einklicken", beim Anfahren am Berg und in technisch schwierigem Gelände ein unschätzbarer Vorteil.

Der Adapter an der Sohle des Radschuhs wurde zudem in die Sohle integriert – somit war ein problemloses

... und da sind wir heute. Shimanos SPD-System ist weit verbreitet

Gehen möglich. Auch fertigte man die Bestandteile des Mechanismus an Pedal und Sohle aus Metall und machte sie so unempfindlicher gegen die Einflüsse von Verschleiß durch Schmutz. Auch dieses System, inzwischen x-mal illegal kopiert, hat sich über die Jahre hinweg fest etabliert. Das Hakenpedal hingegen ist seit Jahren tot. Technisch differenzieren kann man die Pedale vor allem durch die verwendeten Materialien und das damit verbundene Gewicht sowie über die Qualität der Achslagerung. Auch hier wird fleißig probiert: Titanachsen, Pedalkörper aus Verbundwerkstoff statt aus Aluminium. Eine andere Sache ist die Nachfrage nach „Halbe-Halbe"-Pedalen. Das sind sozusagen Zwitter aus Bärentatze und Klickpedal, die für den Alltags- und Tourenbetrieb gewisse Vorteile bieten. Für den MTB-Sport ist dieses System weniger geeignet - das Einklicken erfordert zuviel Aufmerksamkeit.

2.2.2.10.

Die „Gruppe"

Die „Gruppe" ist nun die begriffliche Zusammenfassung für die Komponenten des Antriebes. Früher war der Begriff weiter gefasst. So enthielt die Gruppe u.U. auch Sattelstütze, Steuersatz, Pedale, Vorbau. Mittlerweile gelten im Zeitalter der Systemlaufräder nicht einmal mehr die Naben als Gruppenbestandteile. Heute gilt die „Gruppe 8-teilig", anders als in unserem Bild. Bei den Herstellern gibt es eine sogenannte Gruppenhierarchie. Es gibt also all diese Komponenten in verschiedenen Qualitätsstufen. Die Bezeichnungen dafür haben Tradition und gelten für viele als Synonym für die Qualität des verwendeten Rades. Bei den MTBs können wir nur von Shimano als einer Art Vollaustatter mit Komponenten der Antriebsgruppe sprechen. Diese gliedern sich von oben nach unten:
- XTR
- Deore XT (Saint)
- Deore LX (Hone)
- Deore

Bei den in Klammern gesetzen Gruppen handelt es sich um speziell für den Freeride- bzw. Downhillbetrieb angepasste Baugruppen. Dann folgen Komponenten, die nicht mehr als ernsthafte MTB–Komponenten bezeichnet werden können, obwohl sie in vielen MTBs eingebaut sind, wie Alivio und Acera.

Wodurch unterscheiden sich nun diese Gruppen qualitativ? Kurz gesagt: in Technologie, Material und Verarbeitung. Dies wiederum wirkt sich aus auf Preis, Lebensdauer und auch auf die Funktionalität.

Wie führt man eine neue Idee in den Markt ein? In der Regel von oben nach unten – das bedeutet, der Hersteller entwickelt eine neue Idee, setzt sie im Radsport (dem beinahe härtesten Funktionstest, der nur übertroffen wird durch den ahnungslosen Gebrauch schlampiger Zeitgenossen) ein und bietet sie sodann in einer Edel-Gruppe für viel Geld den Enthusiasten feil, denn die sind bereit, dafür, dass sie zu den Ersten gehören, die diese „neue" Technik spazieren fahren dürfen, viel Geld auszugeben.

Oft sind es neue Techniken, die einen echten Funktionsgewinn bringen, und die werden dann mit ein paar edlen Zutaten garniert, wie Titanschräubchen oder Kohlefaseraccesoires. Im nächsten Schritt erfolgt das „Downsizing" – man macht die Komponenten preiswerter, tauglich für die Massenproduktion, lässt die Gimmicks aus Ti und C weg und führt die Technik in der Breite in den Markt ein. Für Otto Normalradler ist das immer noch besser als gut genug.

Großer Herrscher im Reich der Bike-Komponenten ist und bleibt auf absehbare Zeit Shimano, auch wenn SRAM zum Angriff bläst. Deren Komponenten behalten ihre ursprünglichen Markennamen, Truvativ bei den Kurbeln und Innenlagern, Avid bei der Bremse, SRAM beim Rest. Ein wirk-

Gruppenbild ohne Dame – die neue 2009er SLX-Gruppe von Shimano ist leicht, günstig und wird den gestiegenen Anforderungen der Allmountain-Klasse gerecht

liches Gruppengefühl kommt da nicht auf. Man kann mit Recht behaupten, dass Shimano seine Marktmacht und seinen Erfolg im Bereich hochwertiger Fahrradkomponenten der Qualität und seinem Erfindungsreichtum bei den MTB–Komponenten verdankt. Auch wenn es hier zu Anfang des MTB-Booms noch Konkurrenten gab wie Sachs, Suntour oder Campagnolo, ganz abgesehen von den wilden Wucherungen kleiner Spezialisten (denen der Kostendruck nach der ersten Euphorie eines aus allen Nähten platzenden Marktes nach und nach das

Genick brach), war es Shimano, der hier die entscheidenden Innovationen brachte. Andere Erfindungen konnte Shimano gar nicht (wie das Biopace – eine, sorry, liebe Radfreunde – geniale Idee, die an der Ignoranz der konservativen Gemeinde scheiterte) oder nur mit Mühe implementieren, so zum Beispiel die STI-Bremschaltgriffkombination (STI = Shimano Total Integration), die zunächst zu scheitern drohte. Aber man reagierte flexibel, auf Rapidfire folgte Rapidfire Plus, die Daumen-Zeigefinger-Schalthebelcombo, die einen Siegeszug antrat, der nur durch

SRAMs GripShift gestört wurde, weil Shimano sich weigerte, Schalthebel auch solo ohne Integration in den Bremsgriff anzubieten.

Da mit Magura als dem ersten Anbieter einer durchdachten und qualitativ hochwertigen Alternative auf dem Bremsensektor durch die „HS" (Abkürzung für Hydrostop, die Mutter der hydraulischen Bremsanlage am Rad) ebenso eine Konkurrenz entstanden war wie mit GripShift, war das Interesse groß, diese Hersteller am ausgestreckten Arm verhungern zu lassen. Der Markt entschied jedoch gegen Shimano, und schlussendlich gab der Riese nach. Es gab plötzlich wieder einzelne Schalt- und Bremshebel, die beiden Konkurrenten aber waren in ihrem Sektor etabliert und sind es bis heute geblieben.

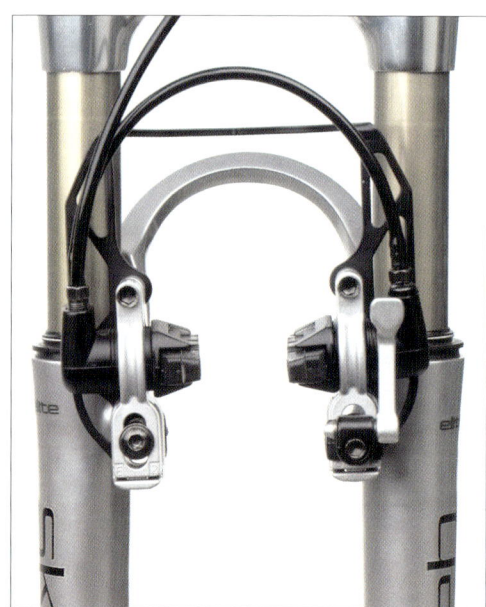

HS33 – die neueste Evolutionsstufe des Hydraulikklassikers

Heute, mit der Einführung der sogenannten Dual-Control, einem gewissermaßen flachgelegten Pendant der STIs vom Rennrad, ist wieder ein interessanter Fall eines neuen Versuchs entstanden, eine neue, von bisherigen Verhaltensmustern abweichende Technik durchzusetzen. Aber man muss weiter zurückgehen, um diesen Weg zu verstehen. Alle Welt hatte die Gewohnheit anerkannt und für selbstverständlich erachtet, dass beim Schalten vom kleineren auf einen größeren Zahnkranz das Schaltwerk mit „Gewalt" per Seilzug hinaufgezogen werden muss. Wie das so ist mit scheinbar unverrückbaren Weisheiten! Als dann das Hyperglide-System kam, sagten alle: Schön! Geht gut! Aber keiner ahnte, welche Sprengkraft wirklich darin steckte, und kaum jemand begriff, dass nicht mehr die Kraft des Seilzuges den eigentlichen Schaltvorgang durchführte, sondern der Zahnkranz selbst. So ergab zum Beispiel im Reich der Schaltungen die Betätigung logischerweise: ziehen, um umzuwerfen. Ziehen am Hebel links heißt, am Kabel ziehen, also per Umwerfer die Kette aufs größere Kettenblatt zu wuchten, eine größere Übersetzung aufzulegen, also mehr Entfaltung pro Kurbelumdrehung zu haben. Das tut man, um eine höhere Geschwindigkeit zu erzielen. Beim Auto nennt man das in einen höheren Gang oder „hoch" schalten. Umgekehrt, um die Entfaltung zu reduzieren, bewegt man den Hebel in Gegenrichtung, das Schaltkabel entspannt sich, die Feder des Umwerfers zieht die Kette wieder aufs kleinere Kettenblatt. Tatsächlich, wir haben runtergeschaltet – vom „höheren" Kettenblatt aufs „niedrigere", im wahrsten Sinne des Wortes.

So weit, so gut. Aber wie ist das hinten? Da dreht sich ja alles um, denn dort muss die Kette zum Runterschalten rauf (aufs größere Ritzel) und zum Raufschalten runter (aufs kleinere Ritzel). Am „Kabel ziehen" hat aber hinten die umgekehrte Wirkung wie vorne. Aber wie ist das mit HG? Da könnte man doch das Kabel so anbringen, dass das Schaltwerk nur mit Federkraft „runter", also aufs größere Ritzel (also berggerecht auf eine kleinere Entfaltung, um die Verwirrung nicht allzu groß werden zu lassen) schaltet – denn die Arbeit übernimmt ja Freund HG – und statt dessen mit Zug am Kabel den gleichen Effekt wie vorne zu haben: am Kabel ziehen macht schnell, Kabel nachgeben macht kletterfähig. Gesagt, getan, unsere japanischen Freunde bauten solche Schaltwerke und führten sie mit der Nexave, einer Gruppe für Radwanderer, Touren- und Gelegenheitsfahrer, im Markt ein. Diese Zielgruppe nahm das Ganze mehr oder weniger begeistert an: das mit der Schalterei ist eh ein Buch mit sieben Siegeln, da war eine Zielgruppe beglückt worden, der das eigentlich ziemlich egal war. Und die XTR-Gemeinde, also die Hightechler, waren die anderen, die in den Genuss des sogenannten Invers-Schaltwerkes kamen. Logisch ist

Japanische Perfektion – das neue XTR-Shadow-Schaltwerk ...

... und das SRAMS Pendant XO

gut, aber noch logischer als logisch ist gewohnt. Uns so kam es, dass der erste „inverse" Angriff auf die Sportfahrergemeinde abgeschlagen wurde.

SRAM Trigger – eine beliebte Alternative des Daumen-Schalthebels

Dazu kam noch ein kleiner Patentrechtsstreit mit einem Teilchen namens „Rollamagic", das die schlauen Ingenieure gleich mit in dieses wunderbare inverse XTR-Schaltwerk einbauten, und so war die Sache gleich eine doppelte Bauchlandung.

Da aber japanische Erfinder oft stur und ausdauernd sind (eine Eigenschaften, die wohl zum notwendigen psychischen Inventar solcher Menschen gehört), wackelte der Schwanz mal wieder mit dem Hund: Dann muss eben ein Schalthebel her, der mit den Gewohnheiten bricht und eine neue Art der Schaltbewegung erfordert, so dass die Radler sich neue Dinge angewöhnen müssen, die nicht mit den alten kollidieren, und sich so endlich dem Diktat der Logik unterwerfen und im neuen Geiste schalten. Das „neue" heißt „Dual Control", und wie beim Rennrad schaltet man mit dem Bremshebel.

Die Geschichte ist noch nicht am Ende angekommen, denn die Zeitschriften, die sich Fachblätter nennen, schrieben Sturm gegen diese neue Angewohnheit. Und dann war da noch der kleine Alibihebel – das Schalten mit der Fingeroberseite ist halt doch nicht jedermanns Sache, und Ergonomie auch im Reiche des Zen und der Samurai nicht zwingend Bestandteil des Hochschulstudienganges Maschinenbau –, und dieser kleine Alibihebel führte die Hände der Fahrer flugs wieder zurück ins Reich der gewohnheitsrechtlich verankerten Irrtümer wider die neue Logik, denn er spannt nicht, wie früher, sondern löst, aber, aber, aber: er schaltet mit einem inversen Schaltwerk – oh Wunder – bergwärts! Simsalabim – wir dürfen gespannt sein, wie das ausgeht.

SRAM bleibt mit seinen Triggern Shimano und den Wünschen des Marktes auf den Fersen, kümmert sich so Bedürfnisse, die vernachlässigt wurden. Dies findet fast allerorten Beifall (weniger bei den Japanern, die wie schon vorher oft gerne wieder die Patentanwälte bemühen), es hilft, der Marktmacht und dem zugegebenermaßen sehr hochwertigen „Einheitsbrei" des Riesen Shimano zu entgehen und die Räder von denen der Konkurrenz wieder unterscheidbarer zu gestalten. Anhänger von Verschwörungstheorien sehen darin allerdings eine Absicht des Herstellers aus dem Reich der roten Sonne, nämlich sich zum einen doch noch Herausforderungen am Leben zu halten und andererseits Sympathien zu gewinnen, die ein Alleinherrscher so nicht bekommt.

2.2.3.

Arbeitsplatz: Ergonomie

Kommen wir zu den restlichen Komponenten, damit unser Rad endlich ein Ganzes wird. Diese sind:
- 1. Vorbau
- 2. Lenker
- 3. Griffe
- 4. Sattelstütze
- 5. Sattel

Ritcheys WCS – stilbildend für eine neue und leichte Generation von Vorbauten

Der Vorbau verbindet den Gabelschaft mit dem Lenker. Obwohl hier jede Menge qualitativer Unterschiede auszumachen sind, wirken sich diese so gut wie nicht auf die Wahrnehmung des Fahrens aus. Der Gewinn hochwertiger Vorbauten liegt, abgesehen vom Wert als optisch und qualitativ edles Teil, im korrekten Umgang mit den Komponenten, die sie verbinden. Gute Passung, geringe Flächenkräfte, gerundete Kanten: gerade im Zeitalter der Leichtbaugabelschäfte ist es schon wichtig, dass der Vorbau mit seiner Schaftklemmung „sorgfältig" arbeitet. Im Gabelschaft per Innenklemmung mehr schlecht als recht festgewürgte Vorbauten gehören zum Glück der Vergangenheit an, zumindest in der Zone der Sportgeräte. Würde das Fahrrad neu erfunden und käme ein Maschinenbaustudent auf die Idee, solch eine Innenklemmkonstruktion seinem Professor als Lösung seiner Konstruktionsaufgabe unter die Nase zu halten, flöge er hochkant aus dem Büro.

Hochwertige Vorbauten werden geschmiedet, u.U. noch spanend überarbeitet, haben eine doppelte, womöglich gegenläufige und schräg angesetzte Klemmung am Gabelschaft und eine Vierfach-Befestigung der Lenkerschelle. Prototyp war Ritcheys WCS.

Die vordere Seite des Vorbaus hält den Lenker. Da auch Lenker immer leichter und damit dünnwandiger werden, ist auch hier eine gute Klemmung lebensrettend. Seltenst brechen Vorbauten, aber brechende Lenker kommen in der Praxis vor, meist mit wirklich üblen Folgen wie Gesichtsverletzungen gröberer Art. Am brechenden Lenker aber ist nicht nur der Lenker, sondern oft auch der Vorbau schuld – und der, der das Zeug fehlerhaft montiert hat. Wissen um Material und Kräfte, gepaart mit viel Gefühl ist eben auch hier eine gute Lebensversicherung.

Besonders bei Leichtbauteilen, insbesondere Carbonlenkern, sind eine hohe Passgenauigkeit (Vorbau und Lenker sollten am besten vom selben Hersteller stammen) und eine fachgerechte Montage mit Drehmomentschlüssel unabdingbar. Carbonlenker und -sattelstützen sollte man

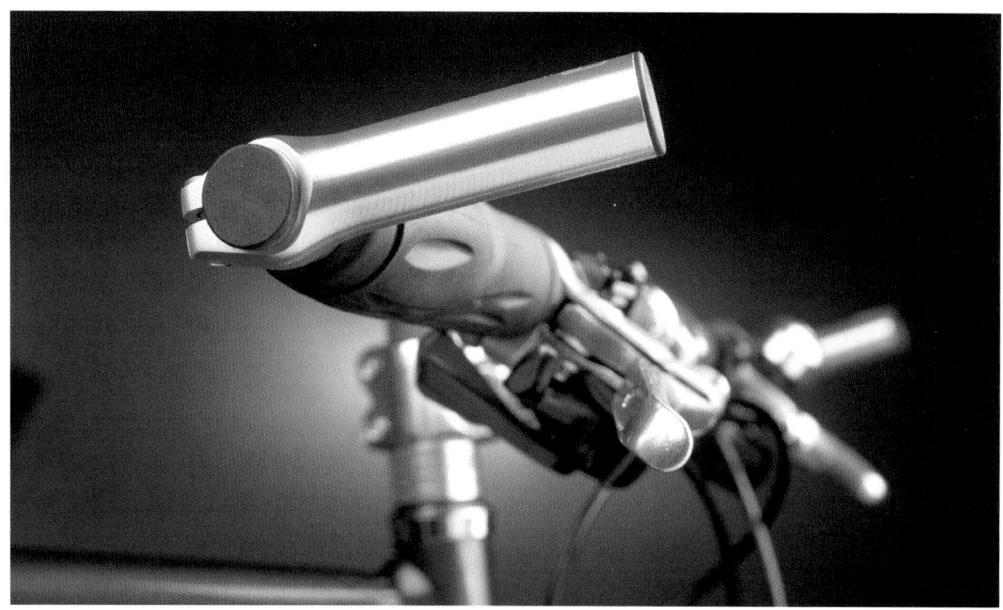

Barends – die ergonomische Annäherung an den Rennradlenker

zudem je nach Belastung und Betriebsstunden regelmäßig wechseln.

Die Griffe am MTB sind in der Regel aus Gummi oder Kunststoff, seltener aus Kork, mitunter aus zwei Komponenten zusammengesetzt und ergonomisch geformt. Gerade hier sind wieder Innovationen von mehr oder weniger großem Wert zu finden. Lästig ist oft die Montage der bezogen auf den Lenker untermaßigen Griffe. Ohne Pressluft geht da nix. Geschickter sind die Griffe, die sich per Klemmung am Lenker fixieren lassen, wie von RaceFace oder Ergon.

Ein ganz spezielle Sache sind die sogenannten Lenkerhörnchen, auch „Endbars" oder „Barends" genannt. Sie ermöglichen eine andere Handhaltung vor allem bei hohem Tempo unter Antrieb, andererseits erleichtern sie durch das Nach-vorne-Verlagern des Schwerpunktes das Fahren steil bergauf. Qualitätsmerkmale sind hier neben geringem Gewicht und guter Griffigkeit eine gute Passung der Lenkerklemmung.

Gerade diese Verbindung zum Lenker ist eine kritische, denn die sehr dünne Rohrwandung der Lenkerenden kann selbst bei sachgemäßer Montage leicht verdrückt werden. Deswegen bieten etliche Edelhersteller wie Syntace oder RaceFace sogenannte B.E.R.P.S. (Bar.End.Reinforcement. Plugs.) an, die, in den Lenker gesteckt, diesen verstärken und eine sichere Verbindung zwischen Lenker und Hörnchen gewährleisten.

Und so ein Rad fällt ja auch mal um oder man stürzt, und gerade das Lenkerende gehört nun mal zur bodenkontaktfreudigen Zone. Und wer wechselt schon jedesmal den Lenker nach einer Bodenberührung – gerade die Kontrolle des Lenkers an den Klemmstellen gehört zu den wichtigen Arbeitsgängen! Der letzte Streich ist ein System von Ergon, dessen Griffe mit ergonomischen Handauflagen, Lenkerklemmung und integrierten Barends wirklich des geplagten Radlers Hände glücklich machen helfen.

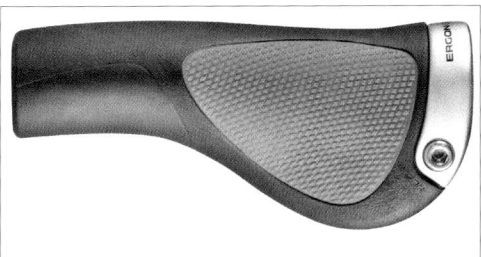

Das Projekt Ergon ist Labsal für schmerzende Hände. Nicht umsonst ist es eines der meistgefragten Zubehörteile am Rad

2.2.3.1.

Sattelstütze

Die Sattelstütze stützt ja nicht nur den Sattel, sondern auch das Gewicht des Fahrers. Sie besteht aus einem in der Höhe fixierten Rohr und einer Klemmvorrichtung für den Sattel. Grundsätzliche Merkmale sind Länge, Durchmesser (siehe dazu auch im Kapitel Maße) und Kröpfung. Letztere bezeichnet den Versatz des Sattels nach hinten. Auch hier hat sich das Erscheinungsbild erheblich geändert. Die Leichtbauwelle und die konstruktiven Ideen aus der Bikerszene haben

neue und vor allem stabilere Formen der Klemmung des Sattels hervorgebracht. Die Bauweise mit einer Verzahnung zwischen Klemmung und Schaft hatte Nachteile – die Einstellung des Sattels konnte nur in diskreten Schritten erolgen. Die stufenlos einstellbaren Klemmungen neigten jedoch mitunter zum „Durchrutschen". Syncros hatte die Idee, den Sattel mittels zweier Zuganker stufenlos perfekt zu justieren. Syncros ist passé, aber die Idee lebt weiter – Tune, Thomson, Shannon und viele andere mehr haben das Prinzip übernommen.

Tune bietet auch hier extremen Leichtbau, allerdings mit einer konstruktiven Schwäche: die Last auf dem Sattel wirkt in Klemmrichtung und macht die Klemmung so in der Tendenz instabil. Wie aber kann man die Klemmung verbessern, wenn die Stütze gekröpft sein soll? Auch da gab es neue Ideen – von Ritchey beispielsweise mittels zweier statt einer Klemmschraube oder mit dem raffinierten Klemmkopf von RaceFace oder der neuen Kreation von U.S.E. Denn dort hat man mit der Alien-Stütze die Themen Leichtbau, Kröpfung und sicheren Halt unter einen Hut gebracht. Der Trick an deren Sattelbefestigung ist, dass die Belastung des Sattels durch den Fahrer die Klemmwirkung verstärkt.

Extremstes Beispiel sind auf dem Schaft direkt verklebte Sättel – jedoch ist es bei deren Fertigung extrem wichtig, den exakten, gewünschten Winkel des Sattels, bezogen auf die Stütze, präzise umzusetzen.

Sattelstütze mit Doppelzuganker – Thomson ist einer der würdigen Vertreter

Leichtbau und Kröpfung – auch das geht zusammen, wie die Alien-Stütze von U.S.E. beweist

2.2.3.2.

Sattel

Eines der besonders komplexen Bauteile am Rad ist der Sattel. Auf ihm lastet das Gewicht des Fahrers. Ähnlich wie beim Schuh ist hier ein gutes „Passen" besonders gefragt.

Zunächst aber zur Konstruktion: ein Sattel besteht aus Gestell und Oberteil. Das Oberteil bildet die Sitzfläche, wobei die klassische Konstruktion des Kernledersattels – besonders bekannt unter den Markennamen Brooks und Lepper – nach wie vor richtungsgebend ist.

Das Gestell, auch genannt Sattelstreben, wurde zunächst aus Stahl hergestellt. Seit einiger Zeit hat auch die Suche nach weniger Gewicht und mehr Elastizität und damit Federungskomfort zu Konstruktionen aus Stahlrohr, Titan oder Titanrohr, Aluminiumlegierungen oder gar Kohlefaser, u.U. verstärkt mit einer Titanhülse, geführt.

Der Aufbau der Sitzfläche wird in der Regel aus einer Kunststoff- oder Verbundschale gefertigt, versehen mit einer Polsterung aus Schaumstoff oder einer gelartigen Masse und einem Überzug aus Kunststoff oder echtem Leder.

Das Problem bisher war, dass Sättel mit dem Auge gekauft werden. Ein schnittiges Design, passend zum dynamischen Auftritt des Rades, war für die Kaufentscheidung maßgeblich.

Da solche Sättel „intuititiv" nach diesem Muster und den instinktiven Vorstellungen der Eleganz konstruiert wurden, machten viele Radler die Erfahrung, dass der Kontakt mit dem Sattel eine eher schmerzhafte Angelegenheit ist. Die Suche nach einem weniger problematischen Bauteil führte nur durch das langwierige und zudem kostspielige Verfahren „Versuch und Irrtum" zu einem besseren Ergebnis.

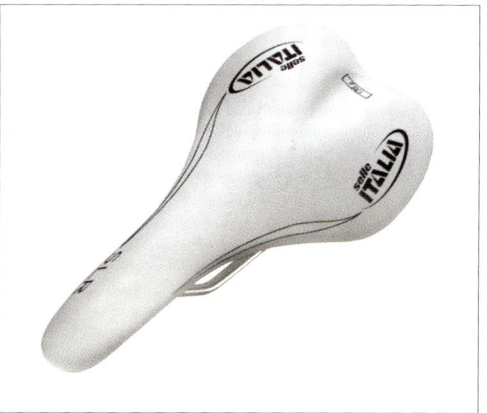

Der SLR – ein Nichts von einem Sattel und trotzdem wegen seines Komforts gerühmt

Zunächst war man auf der Suche nach verbesserter Polsterung, wobei die Eigenschaft des guten alten Kernledersattels, sich nach und nach unter dem Einfluss von Druck (Fahrergewicht), Hitze (Körpertemperatur), Feuchtigkeit (Schweiß) und Walkarbeit (Bewegung durchs Fahren) wie ein guter Schuh der Anatomie der Sitzregion anzupassen, nie erreicht werden konnte. Auch sich kurzfristig, wenn auch reversibel, anpassende Gele konnten keine wirkliche Abhilfe schaffen. Auch die Polsterhärte ist nicht das entscheidende Merkmal – Sättel mit festerer Polsterung sind bei längeren Fahrzeiten oft die bessere Alternative.

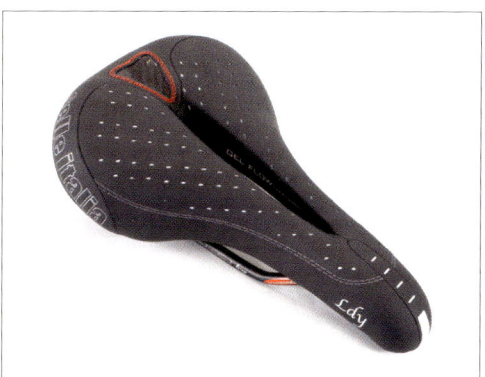

Der Selle Italia LDY – ein bewährter Damensportsattel

Hinzu kamen Studien, die belegten, dass unpassende Sättel durch Hemmung der Durchblutung oder Druck auf Nervenbahnen zu zeitweiser oder gar dauerhafter Taubheit der Sitzregion inklusive Impotenz führen könnten. Die erste Antwort waren Sättel mit Öffnungen oder Vertiefungen, die die besonders belasteten „weichen" Teile der Sitzregion entlasten helfen

Der Selle SMP Strike – extreme Form gegen extreme Sitzprobleme

Terrysättel – Pioniere der Ergonomie

2.2.4.

Elektronik

Die Elektronik hat in den letzten Jahren alle Bereiche des Lebens in ungeahnter Weise durchdrungen. Ob Produktion, Telefonieren, Bankgeschäfte, Unterhaltung, Einkauf oder Orientierung - Kollege Computer mischt mit. Warum sollte das beim Fahrrad anders sein? In der Radszene hat alles mit dem Tachometer begonnen: wer kennt noch den Slogan „Einen Wunsch hat jeder – zum Rad ein Tachometer" von VDO? Dieses Teil war das erste, das durch den sogenannten Fahrradcomputer der Elektronik anheim fiel. Mechanisch angetriebene Tachometer gehören der Vergangenheit an!

sollten. Dieser erste Schritt schuf für manche geplagte Sitzfläche Abhilfe, für manche produzierte er das Gegenteil.

Erst in letzter Zeit wurde die Sache mit dem Sattel einer genaueren Betrachtung unterzogen.

Ähnlich der Schuhgröße definierte man die sogenannte Sitzbreite und damit eine Art Größensystem zum Auffinden des richtigen Sattels. Unter der Bezeichnung SQlab (eine Verbalhornung von Äskulap, dem antiken Gott der Heilkunde) werden die Werkzeuge zur – quasi zur Wissenschaft erhobenen – Sitzforschung vertrieben.

Der Schlüssel zum Glück liegt sicher in der Kombination von passender Breite, an das Fahrergewicht angepasster Polsterung und je nach Anatomie entlastender Formgebung. Wir dürfen gespannt sein, wie diese Entwicklung weiter verläuft! So gesehen ist es kein Wunder, dass Sättel zu den am häufigsten gewechselten Bauteilen gehören.

Die gegenwärtige Palette der Funktionen umfasst die Ermittlung und Speicherung von Fahrdaten wie Geschwindigkeit, Strecke, Durchschnittstempo, Fahrzeit, Rundenzeiten, Gangwahl, Höhe über dem Meer, Temperatur, Trittfrequenz, Trittqualität, Leistung, Herzfrequenz, Kalorienverbrauch, Fitness, Trainingszustand und noch einiges mehr. Zudem lassen sich diese Daten nicht mehr nur summiert, sondern im Verlauf per Datenübertragung auf Handy und PC darstellen und auswerten.

Viele dieser Daten können nicht mehr nur per Wegaufzeichnung durch das drehende Rad, sondern auch per GPS gemessen und aufgezeichnet werden. Und was dem Autofahrer recht ist, ist dem Radler billig: Das Navigieren mit dem Rad auf der Straße und im Gelände ist mit zweckangepassten Geräten und spezieller Kartensoftware möglich (von GPS-typischen Problemen wie Abschattung des Satellitenempfangs durch Bewuchs, Gebäude und Topographie mal abgesehen).

Erste Versuche, mechanische Funktionen wie die Schaltung per Elektronik zu steuern, stecken noch in den Kinderschuhen bzw. waren bisher von geringem Erfolg gekrönt (mal abgesehen von Shimanos Getriebenaben).

Die aktuellen Radcomputer – hier ein Modell von Sigma ...

Im Gegensatz zum motorisierten Zeitgenossen ist der Radler nicht verpflichtet, seine Geschwindigkeit zu kontrollieren. Fotos von per Radarfallen geblitzten Radfahrern haben aber schon die Runde gemacht. Auch beim Radtacho haben die Japaner die Integration vorangetrieben – das sogenannte FliteDeck greift per Datenbus auf die Gangwahl zurück und errechnet aus Geschwindigkeit und Übersetzung die Trittfrequenz virtuell. Der entscheidende Vorteil liegt darin, dass die Bedienung des Computers zum Umschalten der Funktionen ohne Wechsel der Griffposition (so man „auf den Bremsgriffen" fährt) möglich ist. Die radfahrende Gemeinde allerdings reagiert ambivalent – ebenso zurückhaltend wie euphorisch – auf den technischen Overkill, aber der Computer gehört mittlerweile zur Standardausstattung des Rades.

... und ein Multitalent von Polar mit Tacho-, Puls- und Uhrenfunktionen

2.2.5.

Alltag und StVO

Ganz Harte fragen jetzt natürlich nach der StVO und solchen Teilen wie Schutzblechen, Ständer, Gepäckträger, Beleuchtung, Reflektoren, Glocke. Ist denn so ein Sportgerät – unser HighEnd-MTB, überhaupt „legal"? Darf man sich mit so etwas überhaupt in einem öffentlichen Verkehrsraum bewegen? Das jedoch ist ein trauriges Kapitel. Nicht, weil es dazu keine hochwertigen Teile zu kaufen gäbe. Die Hersteller bieten hierzu einiges an. Sondern weil die Engstirnigkeit der Bestimmungen

einem schon das Wasser in die Augen treiben kann.

Einerseits gibt es jede Menge Bestimmungen. Und andererseits wieder Ausnahmen. Fangen wir von vorne an. Festgelegt ist Folgendes: Jedes Rad, das im öffentlichen Verkehrsraum bewegt wird, muss über eine fest installierte Beleuchtungseinrichtung und eine Glocke verfügen (keine Hupe oder so etwas!). Die „aktive Beleuchtung" besteht aus: Frontleuchte und Rückleuchte, wobei hier ein (lächerlich niedriger) Grenzwert für die maximale Leistungsaufnahme des Scheinwerfers festgelegt ist. Diese kann per Batterie oder Akku oder per Dynamo betrieben werden

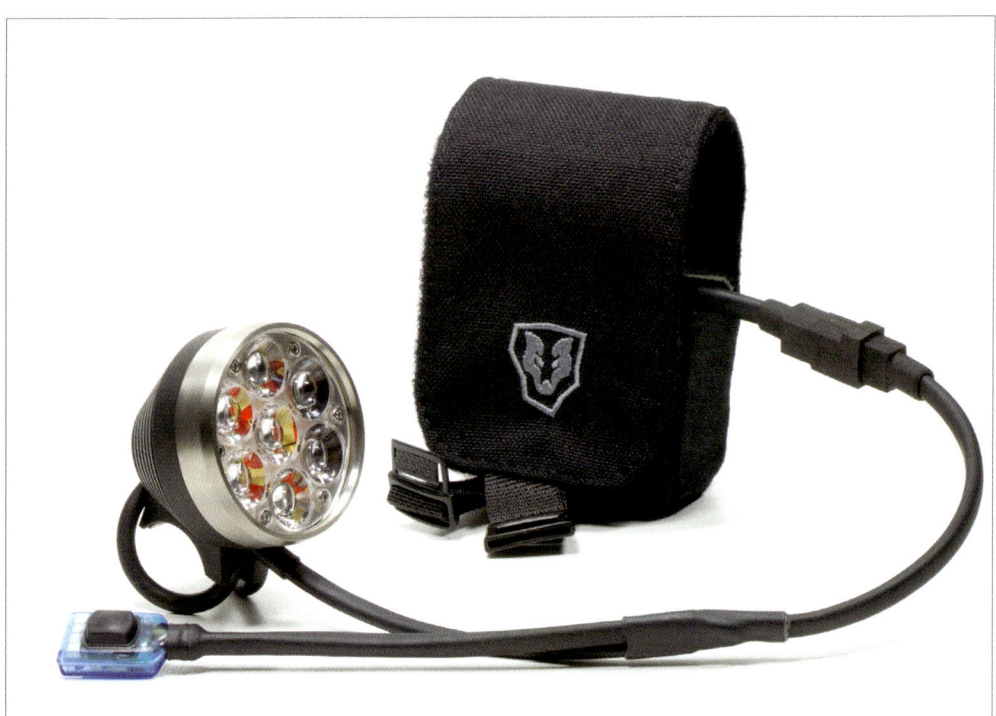

Lupine Betty – ein Hochleistungs-LED in vollendeter Kompaktheit

(für die Batteriebeleuchtung gelten ein paar bestimmte Regeln, damit sie „zugelassen" ist). Dazu kommt das „passive" Ensemble von Reflektoren: weiß vorne, rot hinten, gelb zu beiden Seiten der Laufräder – die sog. Speichenstrahler – (wobei auch weiße Reflexflanken an den Reifen in Ordnung gehen) und gelb vorne und hinten an den Pedalen.

Für Räder im Sinne eines Sportgerätes gilt die „11 Kilo Regel". Bei einem solchen Rad mit einem Gewicht von un-

Die Schmutzfänger von SKS - die beste Maßnahme gegen Fango auf Rücken und Gesicht

ter 11 kg darf in puncto Beleuchtung insofern eine Ausnahme gemacht werden, als die Beleuchtungseinrichtung abnehmbar sein darf (allerdings muss sie am Rad oder in einem Begleitfahrzeug mitgeführt werden). Haben Sie schon einmal ein Racebike oder einen Freerider mit einem Satz Rückstrahler dran gesehen? Oder gar einer Beleuchtung? Eben! Grauenhafte Vorstellung. Im Übrigen scheint auch die Polizei unserer Meinung zu sein, denn sie kümmert sich (meist) nicht drum. Allerdings: In die Dunkelheit sollte man schon um des eigenen Lebens willen nicht ohne Beleuchtung fahren.

Sehen wir's von der anderen Seite: Eine aktive Beleuchtung, wie sie der Zeltbeleuchtungshersteller (zu diesem Irrsinnswort treibt einen die Behörde) Lupine anbietet, mit der kann man wirklich des Nachtens im Dunklen fahren und diese Fahrt auch genießen: illegal! In der Tat gibt es reichlich Komponenten, die ein Rad nachttauglich machen. Dazu gehören Doppelverkabelung, Diodenrücklicht mit Standlichtfunktion und integriertem Reflektor, Reifen mit Reflexstreifen, Halogenfrontlicht und die Nabendynamos von SON und Shimano, (inzwischen auch mit Schnellspanner und Scheibenbremsadapter). Worauf wir noch warten: Auf das ultimative LED-Frontlicht, das mit der vorgeschriebenen lächerlichen Wattzahl endlich richtig Licht macht. Mal

Auf langen Touren besser als ein Rucksack: der „Beamrack" von Topeak hilft bei der Lösung von Transportproblemen

sehen, wie hier der Gesetzgeber mit dem technischen Fortschritt umzugehen gedenkt. Begründet wird dies mit Blendung, da Radleuchten über keinerlei Abblendfunktion verfügen (im Zeitalter des Xenonlichtes am Kfz eine wahrhafte gewichtige Argumentation!?). Für viele Radfahrer findet das schönste Hobby der Welt ohnehin nur bei Sonnenschein statt. Abgesehen davon bietet U.S.E. mit dem „Exposure" den ersten Super-LED-Scheinwerfer mit Trikottaschenformat an.

Für die Fahrt bei schlechtem Wetter wünscht sich der engagierte Radler – es gibt nicht nur die Schönwetterfahrer – wirksamen Schutz. Nein, nicht nach oben (dafür gibt es passende Kleidung), sondern nach unten: vor dem aufgeweichten Schmutz der Trails. Auch hier lässt der Zubehörmarkt inzwischen kaum noch Wünsche offen. Leichte, abnehmbare Schmutzfänger fürs Bike gibt es beispielsweise von SKS in guter Qualität.

Bleibt das letzte Problem (nein, einen Ständer baut man nicht hin an ein Sportgerät!), das es zu lösen gilt: das der Gepäckaufnahme. Es gibt zwar den Rucksack bzw. den Camelbak, aber wer schon mal mehr als 100 km mit 5 kg am Buckel gefahren ist, weiß, dass es bessere Lösungen geben sollte. Aber ein Gepäckträger am Bike? Solange wir an das Drahtgestell mit Federklappe von Muttis Einkaufsholländer denken, läuft uns ein kalter Schauer über den Rücken. Aber inzwischen gibt es Träger, die an der Sattelstütze zu befestigen sind, beispielsweise von Topeak, die bis zu 9 kg tragen, und die uns einen frei atmenden Rücken bescheren – für eine Mehrtagestour die einzig sinnvolle Lösung. Sogar Taschen kann man dran befestigen.

Wir sehen: Auf Tour gehen auch mit edelstem Gerät ist möglich – ohne die Maschine zu verhunzen.

2.2.6.

Maße und Spezifizierung

Wir erwähnten oben, dass Räder mit Teilen aus dem Baukasten konfektioniert werden. Die große Frage, die daraus resultiert, lautet: Was passt zusammen? Wir wollen deshalb im Folgenden, bezogen auf die Baugruppen, die wichtigsten Maße zusammenfassen, wobei wir uns auf die Standards von Sporträdern beschränken wollen.

Achsklemmbreiten

Die lichte Weite einer Fahrradgabel zwischen den Ausfallenden beträgt 100 mm, die des Rahmens 130 mm (früher, vor 8-fach: 126 mm), beim Crossrad und beim Fitnessbike in der Regel 135 mm. Beim MTB kommt u.U. der sogenannte QR20-Standard zum Tragen: eine 20 mm starke Hohlachse sorgt hier für mehr Verwindungssteifigkeit (die lichte Weite beträgt 110 mm). Am Hinterbau des MTB finden wir eine lichte Weite von 135 mm, inzwischen bei einigen Exoten so wie bei Tandems auch 140 oder 145 mm.

Sattelstütze

Der Durchmesser der Sattelstütze ist äußerst uneinheitlich. Klassische Durchmesser wie 27,2 oder 31,6 mm sind weit verbreitet, aber leider nicht standardisiert. Im Prinzip finden wir von 26,8 mm bis 31,8 mm alle zwei Zehntel ein Maß, welches irgendein Hersteller in der ungezügelten Lust freischwingender Kreativität für das beste hält. Ein paar Erfinder fanden wohl auch, dass diese geraden Maße zu langweilig seien und kamen deshalb auf ungerade Werte wie 30,9 mm. „Ausreißer" wie Scott mit dem Genius (34,9 mm) kommen hinzu. Wer den passenden Durchmesser sucht, erkundigt sich beim Hersteller oder bei dem Händler, der ihm das Rad verkauft hat. In fast allen Fällen ist der Durchmesser der Sattelstütze auf dem Rohr dokumentiert, eine Schublehre ist nicht unbedingt von Nöten.

Die Klemmung für das Sattelgestell ist mit 6 mm weitestgehend einheitlich. Probleme bereiten lediglich Sattelgestelle mit ovalem Querschnitt, wie Tunes Speedneedle. Mancher Stützenhersteller wie z.B. U.S.E. bietet für spezielle Fälle spezielle Klemmvorrichtungen mit 8-mm-Klemmung an. Auch die Länge der Sattelstütze spielt eine Rolle: die Sattelstütze sollte, der Höhe nach passend justiert, noch ausreichend tief im Sattelrohr stecken, um den Rahmen nicht übermäßig zu belasten. Faustregel: Durchs Oberrohr durch! Auf der Stütze selbst ist der zulässige Maximalauszug per Markierung gekennzeichnet, diese dient jedoch dem Schutz gegen Überlastung.

Steuersatzmaß

Das Steuersatzmaß hängt ab vom Steuerrohr des Rahmens und des Gabelschaftes. Die typischen Maße:

Bemaßung beim Steuersatz

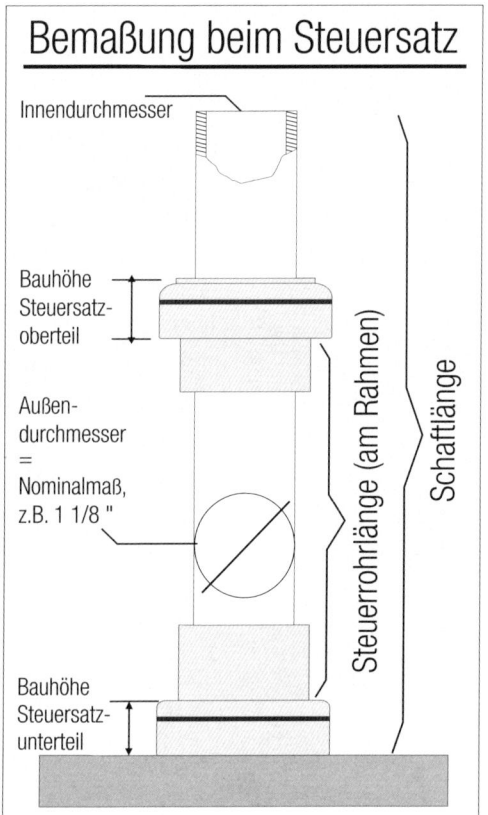

Innendurchmesser

Bauhöhe Steuersatzoberteil

Außendurchmesser = Nominalmaß, z.B. 1 1/8 "

Steuerrohrlänge (am Rahmen)

Schaftlänge

Bauhöhe Steuersatzunterteil

Bemaßung am Steuersatz

- Der 1"-Gabelschaft weist oben einen Außendurchmesser von 25,4 mm, der Konussitz am unteren Ende einen solchen von 27,0 mm (eher selten) oder von 26,4 mm (JIS-Norm) auf. Der Innendurchmesser beträgt für Einsteckvorbauten 22,2 mm.
- Der 1 1/8"-Gabelschaft weist oben einen Außendurchmesser von 28,6 mm, der Konussitz am unteren Ende einen solchen von 30,0 mm auf. Der Innendurchmesser beträgt für Einsteckvorbauten 25,4 mm.
- Der 1 1/4"-Gabelschaft (dieses Maß ist inzwischen kaum noch zu finden) weist oben einen Außendurchmesser von 31,8 mm auf, der Innendurchmesser beträgt für Einsteckvorbauten 28,6 mm.
- Der 1,5"-Gabelschaft (dieses Maß ist jüngeren Datums und existiert nur im Reich der gewindelosen Schäfte) weist oben einen Außendurchmesser von 38,1 mm auf.

Diese Maße gelten auch für gewindelose Schäfte, mit einer Ausnahme: deren Innendurchmesser ist nicht spezifiziert.

Ein spezielles Maß hat Cannondale bei seinem von der HeadShok-Gabel hergeleiteten Durchmesser: hier passen nur Vorbauten mit einem Klemmdurchmesser von 39,6 mm. Ach, und dann gab es noch Kleins MC3 mit einem Gabelschaftmaß von 39,5 mm. Verwirrung haben die neuen, in das Steuerrohr integrierten und deshalb so genannten Steuersätze gestiftet. Hier existieren mehrere Normen parallel. Die bekanntesten sind der Hiddenset von Campagnolo, der Zero Stack, der Integrated Headset und der Press-Fit-Steuersatz, die jeweils für beide Schaftmaße existieren (1" und 1 1/8"). Genauere Angaben verkneifen wir uns – da hilft nur das Datenblatt vom Hersteller. Ob es zu einer Einigung und damit Vereinheitlichung kommt, wird die Zukunft zeigen.

Vorbaumaß

Die Klemmaße für Vorbauten haben wir oben beim Steuersatzmaß abgehandelt. Die Lenkerklemmung beträgt 25,4 mm (was quasi gleichge-

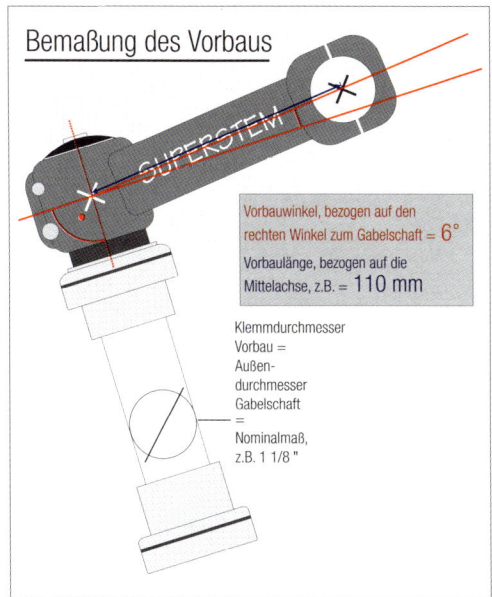

Bemaßung des Vorbaus

Vorbauwinkel, bezogen auf den rechten Winkel zum Gabelschaft = 6°

Vorbaulänge, bezogen auf die Mittelachse, z.B. = 110 mm

Klemmdurchmesser Vorbau = Außen- durchmesser Gabelschaft = Nominalmaß, z.B. 1 1/8 "

Bemaßung des Vorbaus

setzt wird). Bezüglich der neuerdings verbreiteteten Oversized-Lenker hat man sich auf einen Lenkerdurchmesser von 31,8 mm geeinigt. Beim Vorbau wird außerdem Länge angegeben – gemessen in der Längsachse des Vorbaus von Mitte Lenker bis Mitte Gabelschaft. Das letzte Maß betrifft den Winkel der Höhe nach. Hier hat man sich darauf geeinigt, einen Vorbau, der rechtwinklig vom Gabelschaft wegsteht, als 0° geneigt zu bezeichnen. Der klassische MTB-Vorbau hat ein von Maß +6° bezogen auf diese 0°.

Beim Lenker selbst ist noch der Durchmesser im Bereich der Griffe bzw. der Brems/Schaltgriffbefestigung wichtig: er beträgt beim MTB 22,2 mm.

Tretlager

Da wären zunächst die Gewinde im Rahmen zum Einschrauben des Innenlagers. Üblich sind heutzutage zum einen der BSA-Standard mit Rechtsgewinde links und Linksgewinde rechts. Die Gewindegröße beträgt 1,37 x 24, das heißt, der Außendurchmesser des Gewindes beträgt 1,37" = 34,9 mm bei einer Gewindesteigung von 24 Gängen pro Zoll. Die Breite des Tretlagergehäuses beträgt 68 mm, selten auch 73 mm.

Beim Rennrad findet man auch noch häufig das „Italienische" Gewinde mit Rechtsgewinde auf beiden Seiten, bezeichnet als 36 x 24, das heißt, der Außendurchmesser des Gewindes beträgt 36 mm bei einer Gewindesteigung von 24 Gängen pro Zoll.

Bei älteren Rahmen findet sich mitunter auch das „französische" Gewinde, bezeichnet mit P35x1. Es gleicht von den Abmessungen fast dem BSA-Standard, hat aber zweimal Rechtsgewinde. Zum Glück gibt's dafür keine Teile mehr!

Weiterhin wichtig sind die Vierkante: Campagnolo fertigt nach ISO, Shimano nach JIS-Norm. Wichtig ist, Ersatzinnenlager für vorhandene Kurbeln der Norm entsprechend zu besorgen. Eine Entscheidung lässt sich da nur vom Hersteller ableiten – Messen ist schwierig. Die neueren Adaptionen für Kurbeln sind Octalink (von Shimano) und ISIS, eine Norm, der sich Hersteller wie z.B. RaceFace, FSA und Truvativ angeschlossen haben. Die

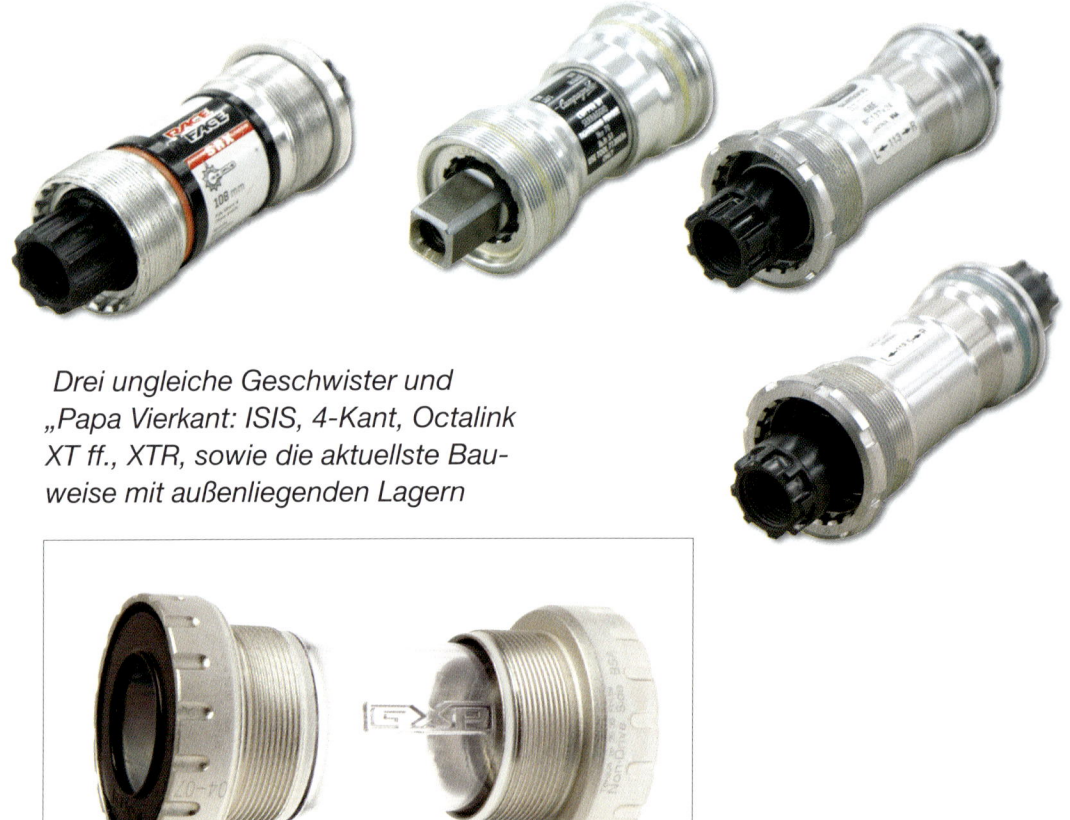

Drei ungleiche Geschwister und „Papa Vierkant: ISIS, 4-Kant, Octalink XT ff., XTR, sowie die aktuellste Bauweise mit außenliegenden Lagern

neuen außenliegenden Lager (Shimano Hollowtech-II, RaceFace Type X, Truvativ GX und FSA MegaExo) sind leider auch nicht immer untereinander kompatibel, auch wenn einige Kombinationen funktionieren. Allerdings reagieren diese Lager sensibel auf nicht exakt gefertigte Tretlagergehäuse (parallele Stirnflächen, Gewinde fluchtend).

Verwirrung gibt's beim Octalink: Die Rennradkurbeln haben das gleiche Profil wie XTR! DeoreXT, DeoreLX und Deore haben ein eigenes Octalink.

Bedeutsam sind noch die Achslängen: sie hängen kurbelspezifisch von der Kurbelkröpfung ab. Die Länge der Achse wird ohne Kurbel drauf über alles gemessen. Auch die Kurbellänge ist ein spezifisches Maß: sie ist meist auf der Rückseite der Kurbel eingeprägt und sollte mit der Beinlänge korrespondieren. Üblich sind beim MTB 175 mm, seltener auch 170 und 180 mm.

Hier sollen auch die Normen für Kettenblätter erwähnt sein. Augenfällig ist die Zähnezahl (in der Regel eingeprägt), die Anzahl der Befestigungs-bohrungen (5 oder 4) und der sog. Lochkreisdurchmesser. Er beträgt bei Shimano MTB-Klassikern 110 mm, der „granny" wird auf einem solchen von 74 mm befestigt. Er beträgt bei der Compact-Kurbel mit 5-Loch-Be-festigung 94 bzw. 58 mm und bei 4-Loch-Befestigung 104 mm beim groß-en/mittleren und 64 mm beim kleinen Kettenblatt. Die XTR-Kurbel „960" hat die Maße 146 mm beim großen, 102 mm beim mittleren und 64mm beim kleinen Blatt.

Pedalgewinde

Bei allen im sportlichen Bereich ver-bauten Pedalen haben wir einen Ge-windedurchmesser von 9/16", was 14,3 mm entspricht. Halbzollgewinde gibt's eigentlich nur noch bei BMX- und Hollandrädern. Achtung: die Ge-winde sind gegenläufig, d.h. rechts haben wir ein Rechtsgewinde, links ein Linksgewinde.

Kettenlinie

Die Kettenlinie bezeichnet den Ab-stand zwischen der Mittelebene des Rahmens und damit auch des Tret-lagergehäuses und der Mittelebene der Kettenräder an der Tretkurbel. Sie betrug bisher allgemein 47,5 mm, mit der neuen Kurbelgeneration ist sie um 2,5 mm auf 50 mm vergrößert wor-den. Nichts geändert hat sich bei den Zahnkränzen.

Umwerfer

Beim Umwerfer fangen wir am bes-ten mit den Befestigungsoptionen am Sattelrohr an: Es gibt drei Schellen-maße, nämlich 28,6 mm (inzwischen selten), 31,8 und 34,9 mm und die In-nenlagermontage.

Umwerfer E-Type für die Innenlager-montage

Die nächste Option betrifft das soge-nannte cable-routing: top-routing be-deutet, dass das Umwerferkabel von oben kommt, down-routing ist das Pendant von unten. Dies gilt für alle Befestigungsarten. Shimanos neue Generation der XTR-, XT-, LX- und der Deore-Kategorie haben inzwischen das sogenannte Dual-Pull-Routing, das heißt, beide Kabeloptionen in einem Typ, dazu kommen Schel-len mit Distanzbuchsen für alle drei Durchmesseroptionen. Hinzu kommt die Option Down- oder Top-Swing, was die Lage des Umwerferkäfigs be-trifft und kennzeichnet, ob sich dieser

Umwerfer Topswing

beim Schaltvorgang oberhalb oder unterhalb der Befestigungsschelle bewegt.

Der Umwerfer mit Innenlagerbefestigung erfordert außer einem speziellen Innenlager (welches den Innenlagersockel mit am Rahmen fixiert – wobei die neuen Innenlager der Serien XTR, XT und LX alles unter Kontrolle haben) einen Rahmen mit einer speziellen, zusätzlichen Befestigungsbohrung am Rahmen.

Reifen

Das Maß der Verwirrung bei Drahtreifen übersteigt die menschliche Vorstellungskraft – so hat ein Reifen mit 28" nach ERTRO einen Felgensitzdurchmesser von 622 mm, ein 27"er jedoch von 630 mm. 27" ist also größer als 28"! Beim Maß 26" gibt es gleich drei Möglichkeiten: 559 mm (MTB), 571 mm (Triathlon) und 590 mm (wozu eigentlich?). Merke: die einzig akzeptable Bemaßung ist die nach ERTRO. Die erste Ziffer (z.B. 50) bezeichnet die Breite in mm, die zweite (z.B. 559) den Durchmesser am Felgensitz des Reifens in mm. Typische MTB-Größen sind 50 oder 54-559, seltener auch 47-559, 57-559 oder 60-559.

Bremsmaße bei Scheibenbremsen

Fangen wir beim Einfachen an: die Standard-Bremscheibe wird mit sechs Schrauben an der Nabe befestigt, das Offset von der Innenfläche des Ausfallendes zur Auflage der Bremsscheibe am Nabenflansch beträgt seit dem Jahre 2000 10,4 mm vorne und 15,3 mm hinten (nach alter Norm 13,0 und 16,0 mm). Cannondale hatte ebenso wie die alten Formulas eine 4-Lochbefestigung. Beides gehört glücklicherweise der Vergangenheit an, ist jedoch mit der 6-Loch-Norm des IS 2000 nicht kompatibel. Damit es nicht ganz so leicht bleibt, hat Shimano zur Saison 2003/04 das sogenannte „Centerlock" vorgestellt, eine jedoch zum IS 2000 kompatible Extrawurst – mehrere Nabenhersteller (DT-Hügi und Mavic) haben inzwischen auch dafür Naben bzw. Laufräder im Programm.

Bei der Befestigung am Rahmen gibt es zwei Standards: IS 2000 und Postmount (der Scheibenoffset ist jedoch zum Glück identisch, das heißt, jede Nabe nach neuem Standard kann mit jeder Bremse).

Ein Exot ist die Boxxer-Norm von RockShox, die jedoch nur diese eine spezielle Downhillgabel betrifft.

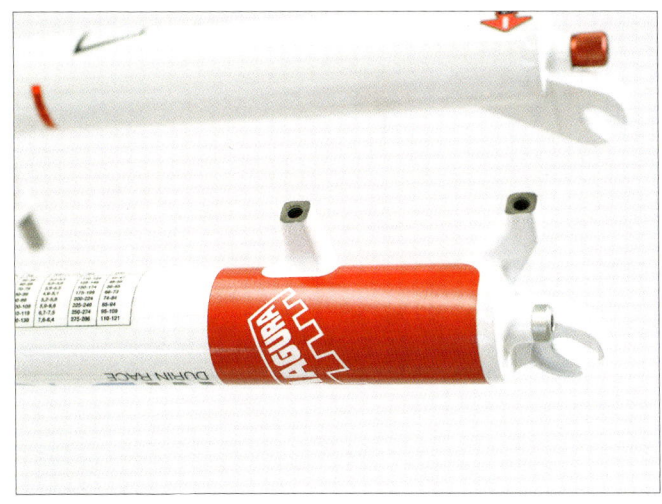

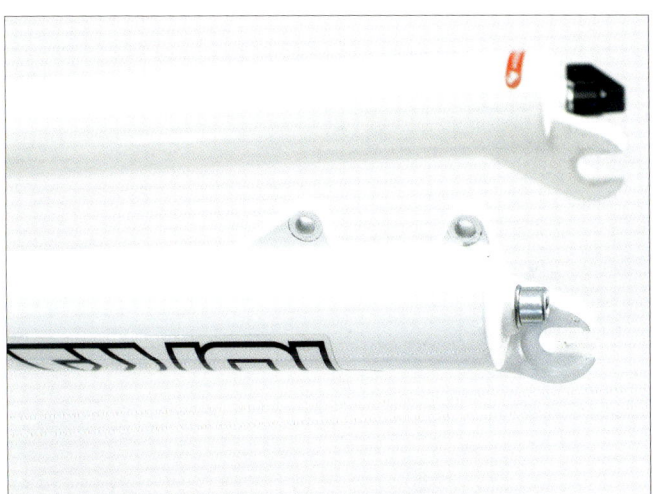

Die Standards der Bremszangenbefestigung: Der immer populärer werdende Postmount-Standard (oben) und der IS 2000 (unten)

3.

Technik für den Fahrer

Wie wir schon oben ausgeführt haben, bilden insbesondere beim Radeln Fahrer und Maschine eine Einheit, wobei der Part der ergonomischen Anpassung voll und ganz von der Maschine übernommen werden sollte. Vor der ersten Ausfahrt mit einem Rad sollten deshalb die ersten, absolut unverzichtbaren Einstellarbeiten für die Anpassung an den Fahrer sachgerecht vorgenommen worden sein. Jedoch – grau ist alle Theorie und die Erfahrung kommt beim Fahren – sollte auf den ersten Ausfahrten passendes Werkzeug zur Hand sein, um die Fein-

einstellungen zu optimieren. Letzten Endes macht so die Fahrt mit dem neuen Rad erst richtig Spaß! Manchmal hilft auch alle Einstellerei nichts: dann heißt es zurück zum Händler und für den Zweck besser passende Bauteile erstehen – sei es ein anderer Sattel, ein höherer Vorbau oder eine neue Sattelstütze. Oder gar ein neues Rad – durch Fehler beim Kauf kann schon mal die falsche Größe oder das falsche Rad übern Ladentisch gereicht werden. Wir wollen uns hierbei vor Schuldzuweisungen hüten: fehlerhafte Beratung kann genauso eine Ursache sein wie mangelnde Orientierung über die eigenen Ziele oder falsch verstandene Sparsamkeit wenn z.B. das günstigere Auslaufmodell nur

Wie sitzt man richtig?

noch in einer „knapp-daneben-Größe" erhältlich ist.

Und, wie wir bei den Sätteln besonders deutlich gesehen haben, die eigne Vorstellungswelt. So sieht man mitunter Herren auf rassigen Rennmaschinen mit weiblicher Begleitung auf Hollandrad „on Tour" gehen – für diese Geschwindigkeiten taugt die Sitzposition einer Rennmaschine nicht! Es sollen allerdings auch schon solche Herren von ihren Begleiterinnen abgehängt worden sein...

Die ergonomische Anpassung muss deshalb nicht nur anatomisch korrekt (nach Größe, Geschlecht, Kraft und Fahrkönnen), sondern auch passend zu Einsatzzweck und Fahrstil erfolgen: Ein Tourenrad erfordert eine andere Sitzposition als eine Sportmaschine. Die häufigsten Anpassungen finden statt nach Sitzposition und Übersetzung – irgendwo muss man ja anfangen.

3.1.

Richtig sitzen, um richtig zu fahren

Primär ausschlaggebend für eine richtige Sitzposition ist die passende Rahmengröße. Da gibt es eine Basisformel: Schrittlänge x 0,66 ergibt die richtige Rahmengröße beim Rennrad – beim MTB zieht man etwa 10 cm vom so ermittelten Maß ab. Da auch die Länge des Rahmenoberrohres ein bestimmender Faktor ist, kommt es darauf, zusammen mit dem hoffent-

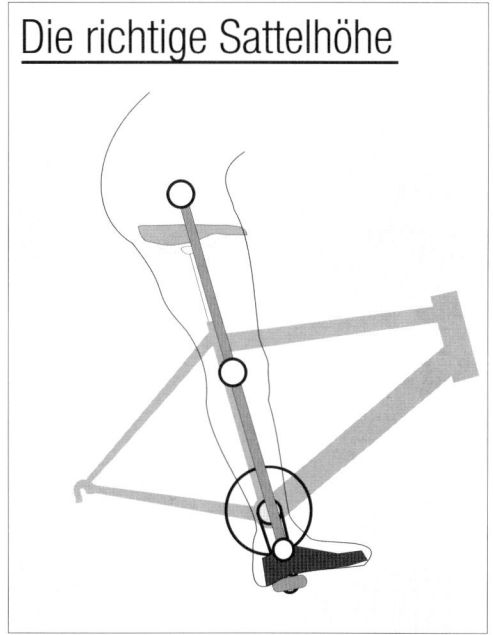

Die richtige Sattelhöhe

Ausgangspunkt bei der Suche nach der richtigen Position: die richtige Sattelhöhe

lich erfahrenen Lieferanten unseres neuen Gefährts die passende Größe herauszufinden.

Die Schrittlänge ist die Länge des Beines im gestreckten Zustand, und zwar von der Sohle bis zum Schritt – anatomisch korrekt bezeichnet man diese Körperstelle als den Damm. Um diese zu messen, stellt man sich barfuß oder in Socken gerade hin, klemmt eine Wasserwaage oder einen Besenstiel oder einen ähnlichen Gegenstand zwischen die Beine und zieht diesen fest in den Schritt, dabei achtet man darauf, dass die Meßlatte waagerecht zu liegen kommt. Die Entfernung der Oberkante unseres Lineals bis zum Boden ist die Schrittlänge. Diese Schrittlänge entspricht dann fast der Distanz zwischen Pedaloberfläche und der Satteloberfläche, gemessen in der Achse des Sattelrohres. Fast deswegen, weil die Sohlenstärke dazu addiert werden muss, außerdem „längt" sich das Bein hängenderweise etwas. Die Überprüfung der korrekten Sitzhöhe nimmt man wie folgend vor: Die Kurbel am unteren Totpunkt, mit den Händen am Lenker, auf dem Sattel sitzend soll der Absatz des durchgedrückt hängenden Beines bei waagerechter Beckenstellung die Oberseite des Pedals leicht berühren.

Anders ausgedrückt: Die Sitzhöhe ergibt sich aus Kurbellänge minus Pedalaufbau minus Sohlenhöhe im Bereich der Fersenmitte plus Rahmenhöhe plus Sattelstützenauszug plus Sattelhöhe. Aufgrund persönlicher Vorlieben kann diese Distanz um einige Zentimeter nach oben oder unten abweichen. Vor allem eher niederfrequentes Treten erfordert eine Korrektur nach oben! An dieser Stelle muss wieder der Sattel erwähnt werden: die richtige Sitzhöhe kann nur mit dem passenden Sattel gefunden werden, auf dem wir spüren, wo wir sitzen, und zwar der Länge nach. Einen Sattel, der uns kein Gefühl für die richtige Position vermittelt (auf dem wir, wie oben erwähnt, das Gefühl haben, wie auf einer runden Stange zu sitzen), können wir nicht gebrauchen. Wir gehen aber davon aus, einen passenden Sattel gefunden zu haben.

Wenn wir die richtige Sitzhöhe eingestellt haben und den Sattel in der für uns passenden Neigung ... halt, was ist die passende Neigung? Wir sollten grundsätzlich davon ausgehen, dass der Sattel waagerecht liegen sollte. Bei einer Neigung nach vorne oder hinten rutschen wir beim Pedalieren automatisch zu weit nach vorne oder hinten auf dem Sattel, und das heißt eben, der Sattel passt nicht. Dabei erliegen wir leicht einem Trugschluss: Wenn der Sattel „vorne" drückt, dann wird er gerne vorne etwas abgesenkt, wir rutschen nach vorne, sitzen somit auf einer schmaleren Fläche, welche die korrekte Abstützung auf dem Beckenkamm verhindert. Richtiger Schluss: Der Sattel passt dann eben nicht. Egal, ob der passende Sattel unserem Auge und der Waage (!) gefällt oder nicht, wenn wir nicht richtig sitzen, ist eine ermüdungsfreie und ergonomische Sitzposition nicht zu finden.

Wenn wir nun der Höhe nach richtig sitzen, kommt als nächstes die horizontal korrekte Sitzposition dran. Die klassische (und an diese wollen wir uns zunächst halten) Faustregel besagt, dass bei waagerecht stehender Kurbel das Lot durch die Pedalachse auch durch die Kniescheibe weisen sollte. Einstellen lässt sich das nur durch Verschieben des Sattels in der Sattelklemmung. Wenn der Verstellbereich nicht ausreicht, ist eine andere Stütze fällig (gekröpft, ungekröpft?). Für die meisten Biker reicht es, wenn man ungefähr hinkommt (+/- ein Zentimeter), ansonsten wird ein anderer Sitzrohrwinkel benötigt.

Und die Füße? Auch die Pedalplatten

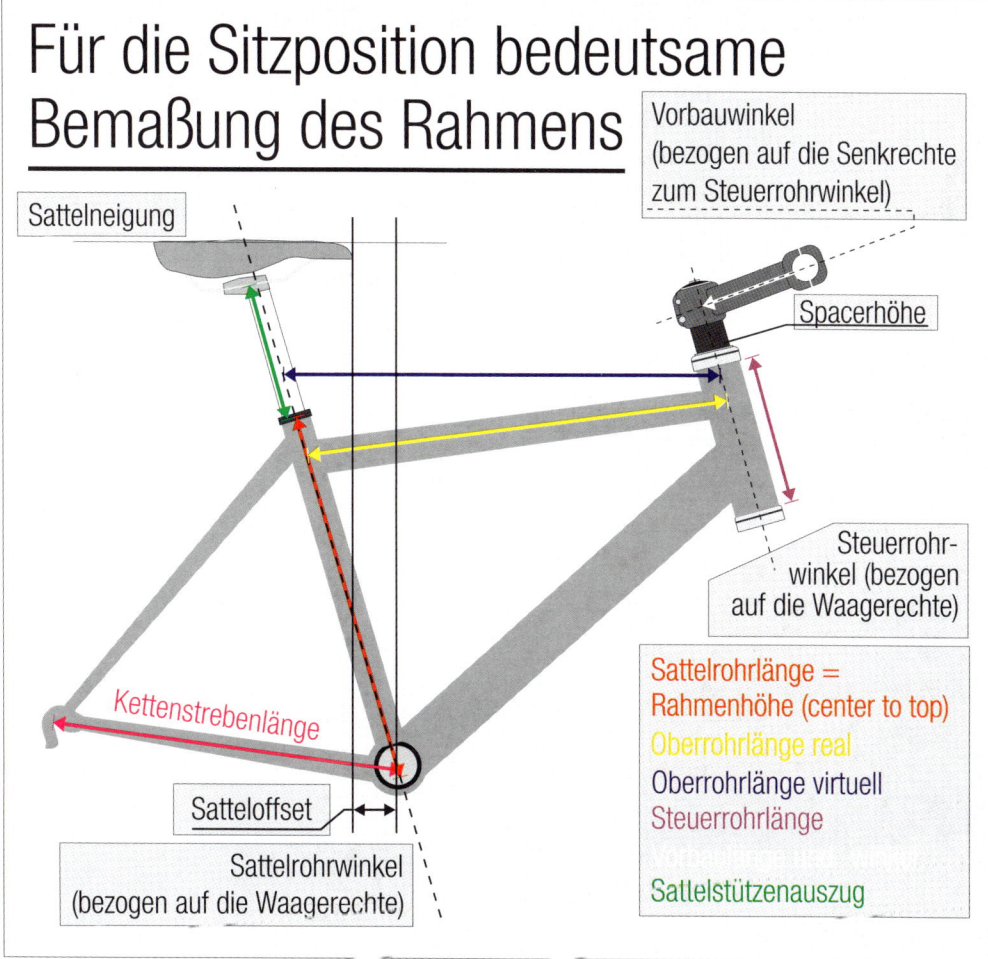

Für die Sitzposition bedeutsame Bemaßung des Rahmens

Sattelneigung

Vorbauwinkel (bezogen auf die Senkrechte zum Steuerrohrwinkel)

Spacerhöhe

Steuerrohr-winkel (bezogen auf die Waagerechte)

Kettenstrebenlänge

Sattelrohrlänge = Rahmenhöhe (center to top)
Oberrohrlänge real
Oberrohrlänge virtuell
Steuerrohrlänge
Vorbaulänge und -höhe
Satteloffset
Sattelstützenauszug

Sattelrohrwinkel (bezogen auf die Waagerechte)

Für die Sitzposition bedeutsame Maße am MTB

lassen sich der Länge nach verschieben, was dazu genutzt werden kann, das Großzehengelenk (die Stelle, wo der Fuß zwischen Zehen und Sohle beim Abrollen einen Winkel produziert) genau über der Pedalachse zu positionieren.

Wozu das alles? Diese bisher besprochene Position stellt die optimalen Grundlagen für eine gute Tretergonomie bereit. Der zweite Punkt ist die Länge des Rades. Bei einer gegebenen Rahmenhöhe ist auch eine gewisse Rahmenlänge vorgegeben. Variieren lässt sich dann die Position der Länge nach – und wir müssen nach der vorgenommen Einstellung von einer gefundenen Sattelposition ausgehen – nur noch über die Vorbaulänge und die Lenkerform, in engen Grenzen auch über die Griffform.

Passt denn jetzt die Rahmenlänge? Dazu ist ein kleiner Ausflug in die menschliche Anatomie vonnöten. Alle

Die korrekte Pedalierposition

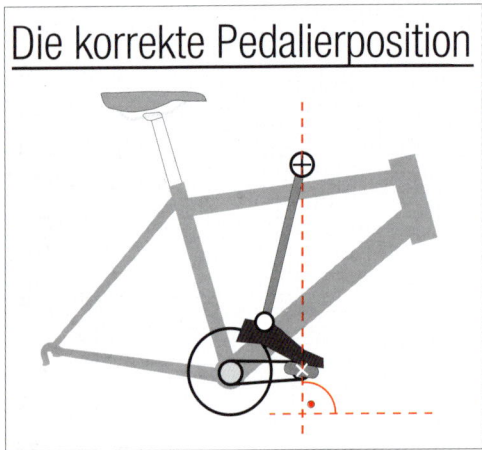

Die korrekte Pedalierposition

Menschen sind sich in ihren Proportionen ähnlich, oder? Ähnlich ja, aber nicht gleich. Die ganzen Schlauen denken jetzt sofort nach und bemerken, dass ja eigentlich nur die Sitzhöhe entscheidet, und die ist abhängig

Die korrekte Position auf dem Pedal

Die korrekte Position auf dem Pedal: mit dem Großzehengelenk über der Pedalachse

von einer Summe von Maßen. Man könnte ja einfach die Stütze länger oder kürzer machen und hätte in der Summe die gleiche Sitzhöhe. Aber jetzt kommt die Länge des Rahmens und die Erfahrung ins Spiel. Die Erfahrung der Rahmenbauer besagt, dass zu einer gewissen Rahmenhöhe eine gewisse Länge gehört, damit der Fahrer zum Radeln ergonomisch passend sitzt. Dieses Maß ist ein Kompromiss, der für viele gilt, aber nicht für alle. Wir alle wissen, dass es Sitzriesen und -zwerge gibt. Was das heißt? Ein Sitzriese hat im Verhältnis zum anderen, gleich großen Menschen kürzere Beine, dafür einen längeren Rumpf und umgekehrt. Für den Sitzzwerg gilt das Gegenteil. Dann bräuchte ja der Sitzriese einen relativ niedrigeren und der Sitzzwerg einen relativ höheren Rahmen Und was wird dann mit der Länge? Zum Glück gibt es da ein wenig ausgleichende Gerechtigkeit: Das die Beinlänge regulierende Gen scheint auch die Arme mit zu formen, das heißt, lange Beine bedeutet lange Arme und umgekehrt. Also kompensieren beim Sitzriesen kurze Arme den langen Oberkörper und beim Sitzzwerg lange Arme den kürzeren Rumpf, so dass die Suche nach dem passenden Rahmen nicht zum erfolglosen Eiertanz wird.

Zur Länge gilt: der Fahrer muss die „richtige" Spannung im Körper fühlen. „Zu kurz" nimmt die Spannung aus dem Körper, „zu lang" überspannt.

Aber das Problem wird noch durch eine dritte Frage kompliziert, und das ist die korrekte Höhendifferenz zwischen Sattel und Lenker. Dafür gibt es zwar Richtwerte, aber keine korrekte Formel. Bei Sporträdern liegt der Lenker zur Erzielung einer auf effektiven Krafteinsatz optimierten Position generell 4-8 cm tiefer als der Sattel. Letzten Endes gilt hier: Ausprobieren, was am besten passt. Gerade für Menschen mit etwas ausgeprägterer Verdauungszone oder mit Rückenproblemen sind hier individuelle Lösungen nötig. Aber Radfahren macht ja schlank.

Tourenräder haben den Lenker etwa auf Sattelniveau – manch rückengeschädigter Zeitgenosse tut gut daran, den Lenker auf dieser Höhe zumindest versuchsweise zu montieren, wenn dies überhaupt technisch möglich ist. Beim Einbau einer neuen Gabel hat man diese Option – solange das Gabelschaftrohr nicht zu kurz geschnitten wird. Dass dabei die flotte Optik leidet, verschmerzt man leichter – leider gehen viele den Weg, mehr auf den Anblick des Rades als auf ihren Rücken zu achten.

3.2.

Die Wahl
der passenden Übersetzung

Noch ein wichtiges Thema zur Anpassung des Rades an den Fahrer wollen wir mit der Wahl der Übersetzung behandeln. Beim Mountainbike ist das relativ einfach. Die Ritzelrechnerei, der die Rennradler gerne frönen, findet in der Bikerzone gar nicht statt. Eine Mountainbike ist ein Mountainbike, basta. Und die Übersetzung ist die Übersetzung. Genauso basta. Natürlich kann man sich die Mühe machen und nachrechnen, um zum Ergebnis zu kommen, dass eine 14-Gang-Rohloff-Nabe nahezu ebenso viele nutzbare Gänge hat (die Betonung liegt dabei auf nutzbare) wie eine 27-Gang-MTB-Übersetzung von Shimano oder SRAM. Die Übersetzungsbandbreite bei Rohloff liegt konstruktionsbedingt bei 526 Prozent, egal mit welchen Ritzelkombinationen vorne und hinten gearbeitet wird.

Der klassischen 27-Gang-MTB-Schaltung am nächsten kommt die Rohloff-Kombination mit einem 40er-Blatt vorne und einem 16er-Ritzel hinten. Die modernen SRAM- und Shimano-Kettenschaltungen (vorne 22-32-44 und hinten 11–34 Zähne) liegen da mit über 610 Prozent Bandbreite aber noch einen Tick besser und haben zudem noch einen besseren Wirkungsgrad (messtechnisch und vor allem gefühlt) als die zugegebenermaßen praktisch wartungsfreie Getriebenabe von Rohloff.

Wie rechnen? Ganz einfach: Man teilt die Zähnezahl vorne durch die Zähnezahl hinten und multipliziert das ganze mit dem Abrollumfang in Metern (z.B. 2,09 m). Das Ergebnis ist die sogenannte Entfaltung: das ist die Strecke in Metern, die das Rad pro Kurbelumdrehung zurücklegt. Sinnvolle Gänge sind solche, die sich in der Entfaltung deutlich voneinander unterscheiden.

Bergseitig im steilen Gelände können 25 cm durchaus spürbar sein, in der Ebene oder in leichtem Gelände spielt es so gut wie keine Rolle. Die so gewonnene Entfaltungstabelle zeigt, weswegen die bergseitigen Zähnezahlen immer weiter gespreizt werden – andernfalls würde man den Schaltvorgang kaum bemerken. Wenn man diese Entfaltung noch mit der Kurbeldrehzahl verrechnet, kommt man auf die Geschwindigkeit.

Wir haben einmal durchgerechnet, was unsere Beispielübersetzungen bei einem typischen MTB-Reifen für Sie bedeuten: nämlich eine Entfaltung von ca 1.44–7.56 m bei Rohloff versus ca. 1.35–8.36 m bei Sram/Shimano.

Machen Sie sich ruhig die Mühe und rechnen Sie alle Kombinationen durch, auch wenn die sogenannten Diagonal-Gänge wie vorne klein / hinten die 3-4 kleinen oder vorne groß / hinten die drei großen eigentlich nicht geschaltet werden sollten. Die Wahl zwischen einem 32er oder einem 34er Kranz bei 9-fach-Systemen ist eher akademischer Natur. Die meisten wählen den 34er – die Kurbeln sind eh quasi-standardisiert (22-32-44) – und tun sich an steilen, langen Auffahrten so einen großen Gefallen: Sie erinnern sich an die Diskussion von Arbeit und Leistung?

3.3.

Die Kleinigkeiten der Feineinstellung für perfekte Bedienung

Wie sollen die Brems- und Schalthebel am Lenker positioniert sein? Da gibt es keine Regel – außer der, dass es passen sollte. Schön ist es, wenn man „aus dem Griff heraus" schalten und bremsen kann. Am besten löst man die Befestigung der Brems-/Schalthebel so weit, dass sich das Ganze leicht verdrehen lässt, nimmt die Fahrhaltung ein (auch die Füße auf die Pedale) und verdreht die Hebelei so, dass es gefühlsmäßig passt. Dann kommt der Fahrtest mit wieder festgezogener Hebelei – gegebenenfalls muss nachjustiert werden. Es gibt kleine und große Hände: bei den meisten Bremshebeln lässt sich die Griffweite justieren, so dass der Bremshebel in eine auch für kleine Hände bequeme Griffweite kommt.

Der nächste Punkt ist der Bremshebelleerweg bis zum Druckpunkt: Zu wenig Leerweg führt leicht zu schleifenden Bremsen, zu viel unter Umständen zu mangelnder Bremsleistung – das sollte man nicht als ABS missbrauchen! Auch hier muss es ganz einfach passen.

3.4.

Das richtige Setup gefederter Systeme

Auch wenn heutzutage die Federelemente – als da sind Gabeln und Federbeine – mit immer mehr Features differenziert werden, sind die Regeln für die korrekte Basiseinstellung immer die gleichen, von persönlich bedingten Marotten einmal abgesehen. Manch einer lässt sich für Geld und gute Worte nicht davon abbringen, in ein Rad mit 80mm Federweg hinten eine Gabel mit 120mm einzubauen – da kann man nichts machen, er muss ja damit fahren. Technisch sinnvoll ist das nicht. Zur Theorie der Federelemente, genauer zu Federn und Dämpfen, haben wir uns schon oben verbreitet.

Jetzt kommen wir zu den Grundregeln der Einstellung, passend zu Gewicht, Position und Fahrstil (ergo Gelände). Diese grundsätzliche Einstellung, das sogenannte Setup, sollte immer dokumentiert werden, am besten leicht wieder auffindbar in der Werkstatt (oder wo auch immer das Rad und die notwendigen Hilfsmittel aufbewahrt werden).

Um sicher zum Ziel zu kommen, gehen wir schrittweise und systematisch vor.

Schritt 1: Vorbereitung

Je nach Gabel- und Federbeintyp sind manchmal Voreinstellungen nötig, z.B. beim SPV-System von Answer-Manitou (SPV-Basis-Druck korrekt einstellen). Deshalb ist immer die Bedienungsanleitung des jeweiligen Federelementes, egal ob Gabel oder Federbein, zu beachten. Alle zusätzlichen Features wie Lockout, PopLoc, Albert Plus, Druckstufe, ETS, ETA usw. sind zu öffnen bzw. zu deaktivieren. Das gleiche gilt für die Zugstufe - diese sollte offen sein. Bei variablem Federweg sollte der gewünschte Federweg eingestellt sein, egal, ob dies über die Federbeinaufhängung oder eine Einstellmöglichkeit am Federelement selbst vorgenommen wird. Bei luftgefederten Gabeln mit variablem Federweg wie Manitous „Infinite Travel" sollte die Gabel zunächst voll „ausgefahren" sein, nach der Anpassung entsprechend Schritt 2 wird dann der gewünschte Federweg eingestellt.

Schritt 2: Basishärte

Der nächste jetzt folgende Schritt gilt für alle Federelemente gleichermaßen: es geht um die Basisfederhärte. Dazu nimmt man auf dem Rad in Fahrhaltung Platz, die Hände am Lenker, die Füße auf den Pedalen. Die Federelemente sollten jetzt je nach Radtyp um einen bestimmten Prozentsatz komprimiert sein (siehe Abbildung).

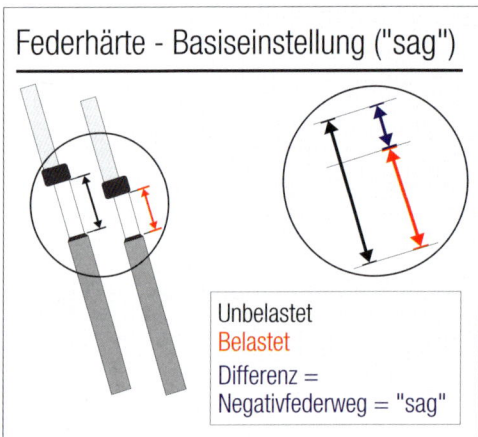

Federhärte - Basiseinstellung ("sag")

Unbelastet
Belastet
Differenz =
Negativfederweg = "sag"

Zur richtigen Federhärte: Basisein-stellung

Bei einem CC-Rad (bis ca. 100 mm Federweg) geht man von ca. 10-15 %, beim Enduro (bis ca. 130/140 mm) von 15-25 %, bei noch mehr Feder-weg darüber sogar von 20-35 % Ein-federrate aus. Bei einem SPV-ähn-lichen System kann man wegen der systembedingten Progression noch einmal 5 % dazu nehmen. Auch für

Extrembikes (Downhill) gibt es einen Zusatzrat: Je downhilliger, je steiler bergab, desto länger und härter vor-ne, hinten weicher. In der Regel wählt man den Federweg vorne und hinten etwa gleichlang.

Als Beispiel: bei 120 mm Federweg sollten durchs Eigengewicht 18-30 mm aufgezehrt werden. Noch einmal zur Erinnerung: man nennt dies „Sag" oder Negativfederweg (eine Ausnah-me stellt hier allerdings z.B. das NRS-System von Giant dar, welches ohne „sag" eingestellt wird). Gut ist es, ei-nen Helfer zu haben, der einem beim Messen hilft, denn auf dem Rad sit-zend geht das nicht. Abhilfe schafft da z.B. ein Kabelbinder oder ein O-Ring auf der Gleitfläche von Gabel oder Federbein als Einfederindikator. Allerdings muss man dann sehr vor-sichtig auf- und absteigen.

Was tun, wenn dies nicht möglich ist, die Gabel oder der Hinterbau zu

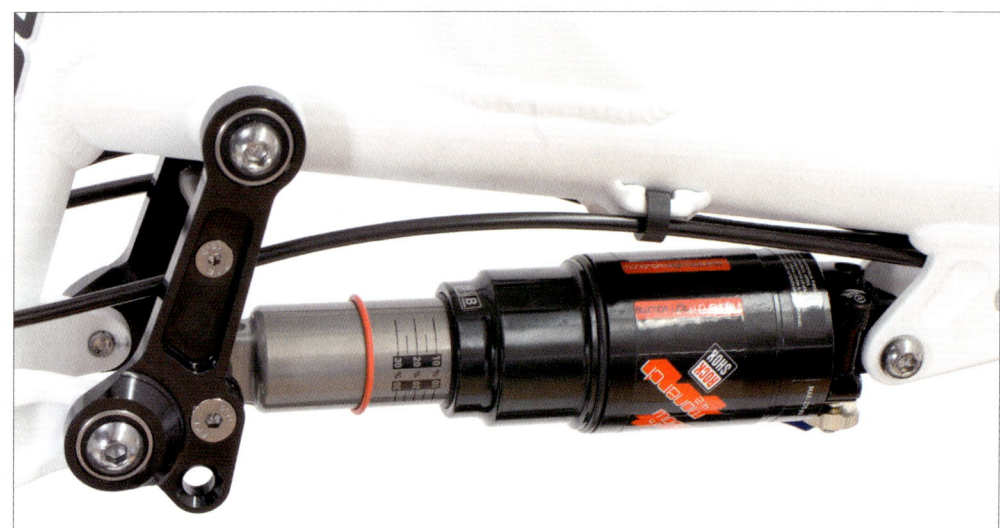

Gute Hilfsmittel fürs Setup: O-Ring ...

... und der gute Kabelbinder

Die Besitzer von Luft- oder luftunterstützten Federelementen haben es natürlich leichter. Hier wird solange mit dem Luftdruck gespielt, bis es passt. Achtung: beim Nachmessen mit dem Manometer der Pumpe muss dieses immer erst aus dem kleinen Druckvorrat des Federelementes gespeist werden, weswegen immer etwas weniger Druck (ca. 0,5-1 bar) angezeigt wird als man vorher eingespeist hat. Also gleich wieder den Sollzustand herstellen oder die Pumpe einfach solange „am Ventil" lassen, bis der Einstellvorgang abgeschlossen ist. Der Zweck dieser Basiseinstellung: der Federweg wird so optimal ausgenutzt. Es hat wenig Sinn, 120 mm zu kaufen und nur 70 mm zu nutzen – ebenso wenig, wenn die Federung andauernd durchschlägt. Apropos durchschlagen: auch das ist ein Hin-

viel oder zu wenig einfedert? Dann muss eine andere Feder her! Für Gabeln gibt es nach Gewichtsklassen abgestufte Federn, beim Federbein gibt es Federn in 50lbs-Schritten. Achtung: bei Fremdfedern auf ausreichend Travel, die passende Einbaulänge und den Durchmesser achten. Hinterbaufedern kann man berechnen – siehe Abbildung.

Hinterbau mit Stahlfeder?
Die Formel zur Berechnung der Federhärte

$$\frac{\text{Fahrergewicht in Kg}}{\text{Dämpferhub in Zoll (``travel'')}} \times 4{,}5 \times \frac{\text{Übersetzungs-verhältnis des Hinterbaus}}{} = \frac{\text{Federhärte in Lbs pro Zoll}}{}$$

Das Übersetzungsverhältnis des Hinterbaus berechnet sich aus Federweg geteilt durch Dämpferhub (travel)!

Hinterbau mit Stahlfeder? Die Formel zur Berechnung der Federhärte weis auf die richtige Härte, wenn die Federung auf Ihrer typischen Strecke mal ganz sanft an der Begrenzung anklopft.

Schritt 3: Dämpfung Zugstufe

Dazu fahren wir mit geringer Geschwindigkeit eine Stufe hinab, etwa einem Bordstein vergleichbar, die Hände fest am Lenker, fest und starr auf dem Sattel sitzend, die Füße natürlich auf den Pedalen, ohne mit dem Körper „mitzufedern". Jetzt gilt es zu beobachten (auch hier kann ein Helfer sinnvoll sein): was passiert beim Ausfedern? Geht das Federelement in einer Bewegung in die Ausgangsstellung zurück oder schwingt es nach (nochmal: wichtig, gerade bei der Gabel – nicht mit den Armen mitfedern, sondern schön starr am Lenker bleiben)? Stellen Sie die Zugstufe in kleinen Schritten höher und prüfen Sie immer wieder den Erfolg. Geduld und Wiederholen sind wichtig – nicht alle Zugstufen reagieren auf kleine Schritte nachvollziehbar. Nicht vergessen: notieren, was man getan hat. Noch ein Hinweis: Besser ein wenig über- als unterdämpft fahren (auch wenn das sich manchmal auf Wurzeln etwas holperiger anfühlt).

Schritt 4: Druckstufe

Hierunter fällt weniger die klassische Druckstufe (HighSpeed, denn diese betrifft vor allem das Durchschlagen, was wir in Schritt 5 „on tour" gen wir in Schritt 5 „on tour"

überprüfen und ggf. einstellen müssen), sondern auch und vor allem die „LowSpeed"-Systeme wie SPV, MotionControl, AlbertPlus usw. Dabei geht es darum, die durch den Tretzyklus in die Federung eingeleiteten Körperschwingungen wirksam zu unterbinden. Dazu fahren wir auf einer ebenen, glatten Strecke (am besten glatter Asphalt) mit der für diese Bedingungen typischen Geschwindigkeit und justieren das System so lange, bis es uns ausreichend ruhig erscheint. Wer auch den Wiegetritt mit einbeziehen will, sollte dazu eine Referenzstrecke wählen, die der realen Situation möglichst nahe kommt. Wie bei allen Schritten zuvor die vorgenommene Einstellung notieren!

Schritt 5: On Tour

Dazu fahren wir eine kleine Tour auf unserer typischen „Hausstrecke". Dabei achten wir darauf, ob die Einstellungen unseren Erwartungen entsprechen und justieren ggf. nach – gerade die HighSpeed-Druckstufe verlangt danach. Pumpe nicht vergessen!

Schritt 6: Nachbesserung

Unter Umständen rollen wir den ganzen Einstellzyklus noch einmal auf. Allerdings kann man jetzt differenzierter vorgehen und braucht nicht das ganze Programm noch einmal abzuspulen. Dazu analysieren wir, was passt und was nicht und was die Ursache sein könnte.

Mit Hilfe der Schritte nähern wir uns in einer Art von spiralförmigem Zyklus immer mehr dem passenden Optimum an.

Eine Federung ist mit zunehmender Komplexität der Einstellmöglichkeiten und Features gerade beim Fahrrad ein spannendes System – alle Dinge hängen zusammen. Wenn das System erst einmal in der Balance ist, wirken sich kleine Änderungen auf mehreren Ebenen aus. Noch ein Hinweis zu sehr speziellen Federelementen: gerade Systeme wie Talas, Brain, Motion Control, Pro Pedal und ähnliche bieten u.U. spezifische Funktionen an wie Blow Off, PopLoc, SPV-Kammer etc. In der Regel werden brauchbare Setup-Anleitungen mitgeliefert. Bauen Sie deren Informationen in unser System ein.

Zu guter Letzt noch ein Hinweis zum Reifen: spätestens, wenn es ans Fahren geht, sollte bewusst sein, dass auch der passende Reifendruck ein Teil des Setups ist. Zu lasche Reifen neigen zum Durchschlagen, zu harte haben zu wenig Grip im Gelände und rollen mitunter schlechter. Es gilt, den richtigen Kompromiss, passend zu Fahrstil und Gewicht, zu finden: Reifenhärte und Federungshärte müssen einander ergänzen. Dokumentieren nicht vergessen – viel Erfolg beim Tüfteln!

121

4.

Auch die Technik hat Bedürfnisse: What can I do?

Motto: Hochleistungstechnik braucht Zuwendung. Es ist ein Trugschluss, zu glauben, je hochwertiger die Komponenten, desto weniger Pflege sei nötig. Letztlich ist das abhängig von der Belastung – und damit ist nicht nur die Belastung durch Fahrer, abhängig von Gewicht und Kraft, gemeint und die Anzahl der zurückgelegten Kilometer, sondern auch das Profil der Belastung, abhängig von den Steigungen und Gefällestrecken. Ebenso spielen die Beanspruchung durch die Unebenheiten der Strecke und Faktoren wie Nässe und Schmutz eine Rolle. Wasser und Dreck sind der Ketten, Bremsen und Lager Tod – da hat sich bei Marathons schon so mancher gefragt, wohin denn die Bremsbeläge verschwunden sind. Dreck mit Wasser ergibt Schleifpaste – und das kostet... Belastung erzeugt Verschleiß. Es ist ein Irrglaube, dass es keinen Verschleiß geben dürfe – manche Arten des Verschleißes sind unabwendbar. Reifen verschleißen, Bremsen verschleißen, Kette und Zahnräder verschleißen. Manche Formen des Verschleißes lassen sich durch den Fahrstil beeinflussen, manche durch Pflege. Richtiges Bremsen z.B. ist so ein Faktor. Der einfachste Tipp lautet: Finger weg von der hinteren Bremse – der Stollenmord

Seitwärts auf Schotter: Reifenkiller Nr. 1

ist so vorprogrammiert. Wer allerdings in einer Art Brakeslide gerne seitwärts in die Kurven holzt, und das noch auf steinigem Geläuf, braucht sich nicht zu wundern – und vor allem nicht auf die Reifen zu schimpfen.

Ein andere Punkt ist das „Angstbremsen". Natürlich darf jeder nach seiner Fasson glücklich werden. Aber das ständige Bremsen, ohne den Belägen und den Felgen, vor allem aber den Scheiben eine Pause zum Abkühlen zu gönnen, heizt diese überdurchschnittlich auf. Geplatzte Schläuche durch Überhitzung sind keine Seltenheit. Oder Bremsenfading – das bedeutet ein oft extremes Nachlassen der Bremsleistung durch Überhitzung der Beläge und, sofern vorhanden, der Scheiben. Die Beläge können zudem verglasen und sind dann reif für die Tonne. Bremsscheiben werden nicht nur blau (was man akzeptieren muss), sondern schirmen oder tellern – sie verziehen sich durch Überhitzung und sind dann nicht mehr flach, sondern verzogen, etwa sowie der Rand eines Tellers. Schrott!

Aber selbst der sanfteste Fahrstil lässt die Reifen immer weniger werden. Hier allerdings nach einem besonders verschleißfesten Produkt zu suchen, muss nicht der Königsweg sein – siehe oben. Verschleiß, das sei hier nochmals betont, ist die conditio sine qua non für den Grip. Und leicht heißt nun mal weniger Gummi.

Der andere typische Verschleißträger ist die Antriebskette. Hier kann die Pflege wahre Wunder wirken. Aber

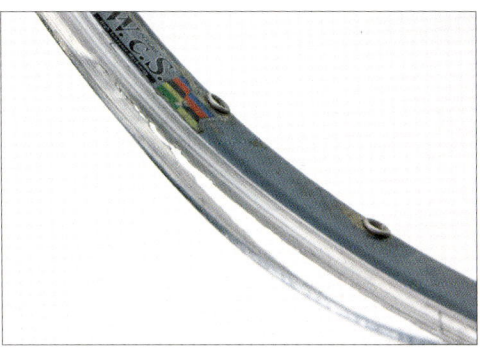

Dafür kann kein Hersteller haften: Bremsen verschleißt auch die Felgen

wer hier gerne geizig ist, bezahlt an anderer Stelle – eine zu lang genutzte Kette killt Zahnkranz und Kettenblätter.

Generell kann man sagen: Alles, was sich bewegt, unterliegt einer Belastung, die auf Dauer abnutzt. Da beißt die Maus keinen Faden ab. Egal, ob es walkt, gleitet, flext, dehnt, reibt, schlägt, schmirgelt, rollt oder was auch immer. Rahmen, Lenker und Vorbau flexen. Speichen dehnen sich. Reifen und Schlauch walken. Naben rollen. Bowdenzüge gleiten und dehnen. Lagerstellen rollen und stoßen, Gleitlager gleiten usw. Genau genommen ist so ein Fahrrad eine Ansammlung von Verschleißteilen, deren Hinschwinden man als Preis für das Vergnügen des Radfahrens in Kauf nehmen muss.

Was man im Rahmen des Möglichen tun kann, um diese Verluste möglichst gering zu halten, davon handeln die folgenden Kapitel. Zunächst wollen wir uns um die notwendige Ausrüstung kümmern und danach die einzelnen Komponenten genauer betrachten und Tipps für Wartung und

123

Pflege geben. Bei allen Formen der Montage sollten neben korrektem Werkzeug auch die entsprechenden Bedienungsanleitungen bzw. Manuals für die jeweiligen Komponenten vorliegen. Nicht immer werden beim Kauf diese eigentlich sehr wichtigen und durch das Gewährleistungs- und Produkthaftungsrecht mehr oder weniger geforderten Unterlagen beim Kauf mit übergeben. Jedoch kann man hier Abhilfe schaffen: Im Internet findet man auf den Homepages der Hersteller bzw. Importeure in der Regel solche Unterlagen zum kostenlosen Download bzw. Ausdruck.

4.1.

Von Werkzeugen, Pflegemitteln und Ersatzteilen

Ebenso wichtig wie die notwendigen Kenntnisse ist die richtige Ausrüstung mit Werkzeugen und Pflegemitteln. Wir wollen im Folgenden kurz die notwendige Ausstattung aufzählen. Dabei kommt erst einmal die Basisausstattung für die Wartung, und dann die gehobene für die Montage. Für unterwegs gibt es eine sinnvolle Minimalausstattung. Nicht vergessen wollen wir auch, dass es einen sinnvollen

Ausstattung für unterwegs

Ersatzteilfundus gibt, auf den man jederzeit zurückgreifen kann, ohne erst zum Händler marschieren zu müssen – vor allem im Urlaub oder am Wochenende rächt sich dessen mangelnde Ausstattung.

4.1.1.

Die „kleine" Ausstattung für unterwegs

Das ist die Ausrüstung, die man auf Tour dabei haben sollte, und mit der man die klassischen kleinen Pannen, die erfahrungsgemäß auftreten können, beheben kann – und oft auch ein wenig mehr:
- Minitool (mit Kettennieter, Torx und den gängigen Inbusschlüsseln)
- Reifenheber (mindestens zwei!)
- Schlauch (mit Sclaverandventil – so kann man auch mal anderen helfen)
- Schnellflicken (ein Muss für die etwaige zweite Panne oder Risse in der Karkasse)
- Luftpumpe (vorher zum Ventil passend einstellen und auch mal ausprobieren)
- Nietstifte / Powerlink (passend zur Kette, ebenso das SRAM-Powerlink-Verschlussglied für die Kette)
- Satteltasche oder Camelbak (Es ist besser, alles immer gepackt zulassen, ohne es jedesmal ins Trikot stopfen müssen)
- Erste-Hilfe-Täschchen (für Blessuren wie Schürfwunden etc. eine gute Sache)

- Lappen und Erfrischungstuch zur Handreinigung
- Eventuell ein kleines Schmiermittel für die Kette

4.1.2.

Die große Ausstattung für zu Hause

Für den, der wirklich selber schrauben will und am Rad bis in die Baugruppen hinein alles selber machen möchte, schlagen wir folgende Ausrüstung vor:

Ein guter Montageständer – hier der hervorragende Ultimate Pro – erleichtert das Arbeiten ungemein

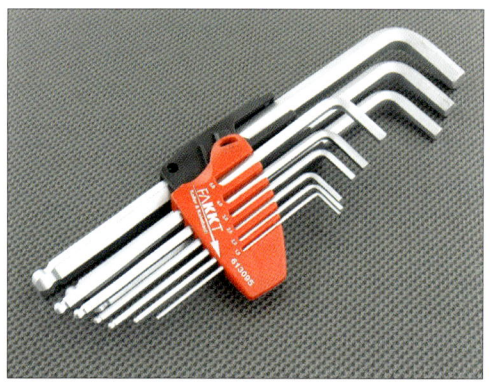

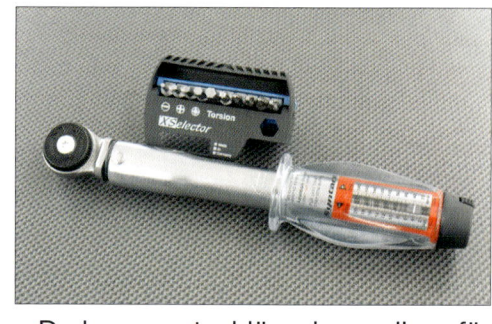

- Drehmomentschlüssel vor allem für niedrige Momente (0-20Nm) inklusive Bitsatz

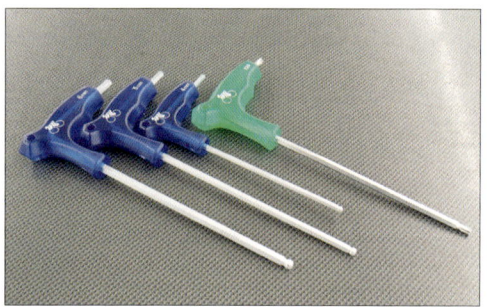

- Inbusschlüsselsatz (Winkel) mit Kugelkopf am langen Ende (zum Drehen „ums Eck") sowie mit T-Griff (4, 5 und 6 mm), Torx-Schlüssel T 25

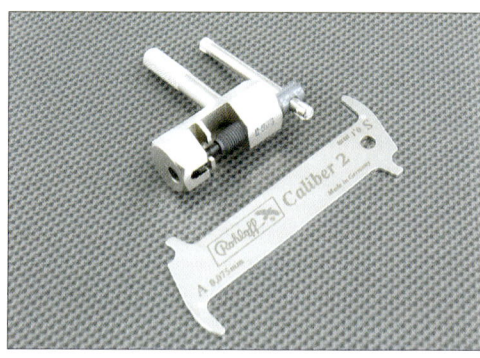

- Kettennieter und Kettenverschleißlehre

126

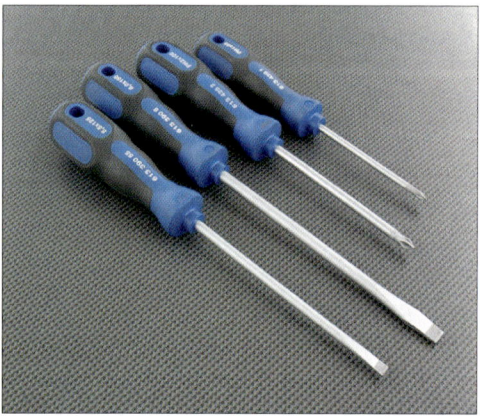

- Diverse Schraubendreher (Schlitz und Kreuzschlitz)

- Kasettenabzieher (HG, seltener Freewheelabzieher für Schraubkränze) und Kettenpeitsche zum Gegenhalten und Festziehen

Reifenmontierhebel

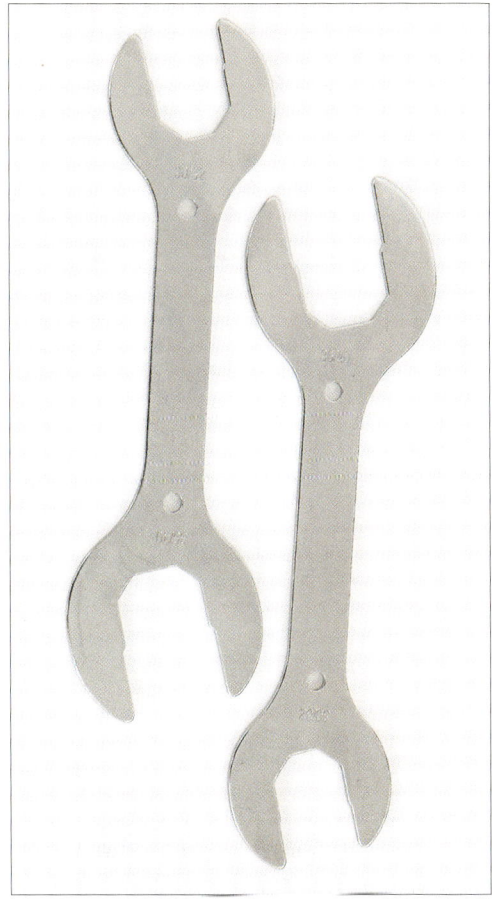

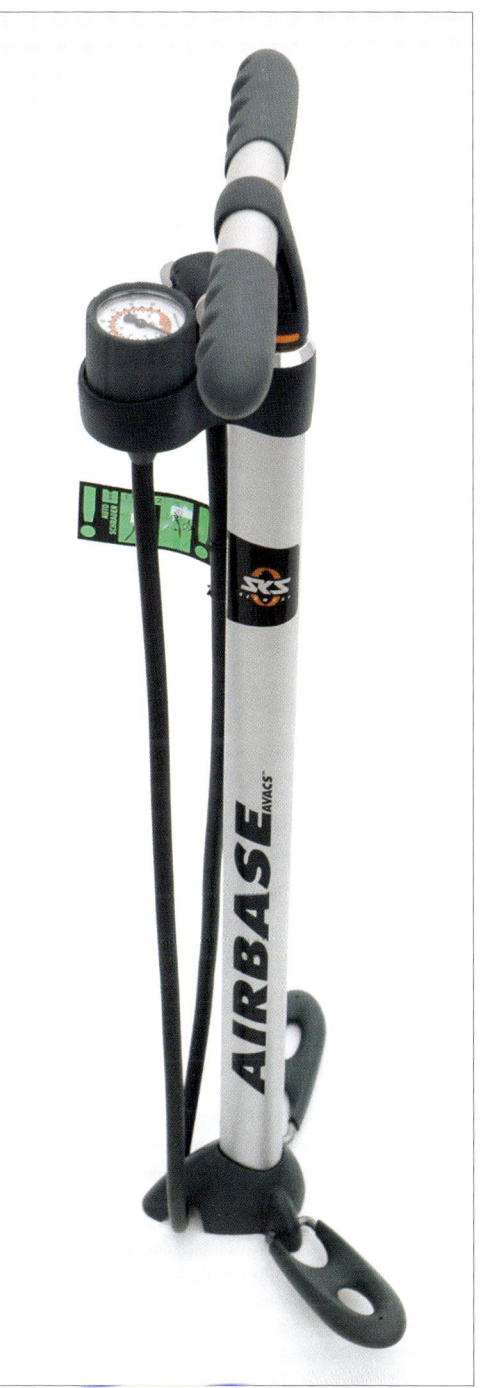

- Steuersatzschlüssel (für Eigner von klassischen Steuersätzen)

- Standpumpe mit Manometer und Adaption für alle Ventilsorten

- Dämpferpumpe mit Manometer

- Innenlagerschlüssel, jeweils passend zum verwendeten Typ

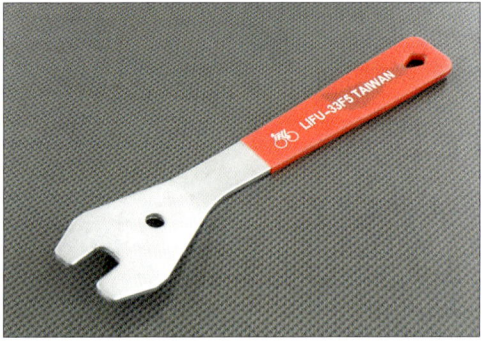

- Pedalschlüssel

- Kettenblattschraubengegenhalter (wird auch für integrierte Abzieher benötigt)

- Kurbelabzieher, Abzieherstopfen für Oktalink/ISIS

- Piano-Drahtschneider oder Kabelschere
- Zangensatz (Spitzzange, WP 250)

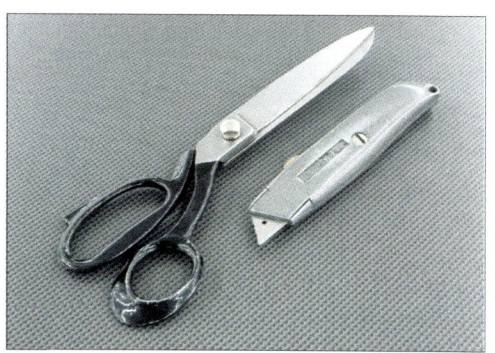

- Knipex Zangenschlüssel

- Scharfes Messer, robuste Schere

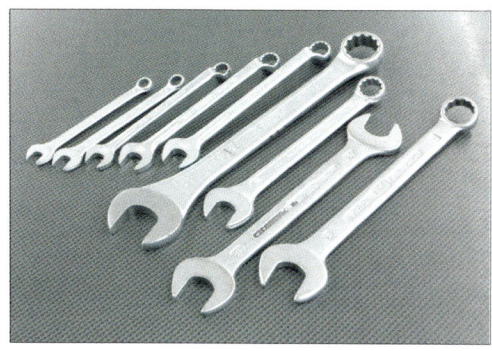

- Diverse Gabel- und Ringschlüssel (je nach Bedarf)

- Konusschlüssel (13-17 mm, passend zu den jeweiligen Naben, aber das ist schon sehr speziell)

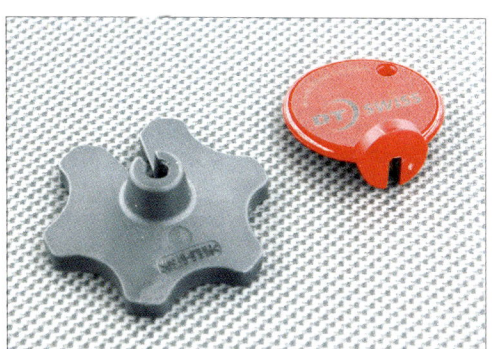

- Nippelspanner (3,25 mm, seltener 3,4 mm, und je nach Bedarf spezifische wie Mavic, Shimano usw.)

- Hammer und Plastikhammer

4.1.3.

Pflegemittel

Über das Werkzeug hinaus stellen wir ein Sortiment von Pflegemitteln vor, das man zur fachmännischen Pflege des Rades vorrätig haben sollte:

Pflege- und Schmiermittel sind unabdingbar, wenn das Bike funktionieren soll

- Kettenöl (nass, trocken)
- Entfetter
- Bremsenreiniger
- Siliconöl
- Schmierfett mittlerer Konsistenz
- Shimano-Montagepaste (besser als Kupferpaste)
- Talkum
- Komplettreiniger fürs Rad
- Geschirrspülmittel
- Korrosions- bzw. Oberflächeschutz-mittel wie Wachs bzw. Öl
- Lappen
- Schwamm
- Reinigungsbürste(n)
- Zahnkranzreinigungsbürste

4.1.4.

Ersatzteile

- Reifen
- Schläuche
- Kette mit Nietstift oder Powerlink / Connex-Link
- Ausfallende
- Speiche(n) mit Nippel(n)
- Bowdenzug-Set für Schaltung und Bremse bzw. Hydraulik-Servicekit
- Bremsbeläge (und Ersatzscheibe)
- Ersatzbatterie(n) für Computer, Puls-messer etc.
- Kompatibles Schaltwerk
- Billigsattel

Nicht vergessen werden sollte, dass es sinnvoll ist, eine Werkbank mit Schraubstock und guter Beleuchtung nutzen zu können. Zweckmäßig sind auch Dinge wie Isolierband, Zweikomponentenkleber usw.

4.2.

Pflege und Wartung nach Baugruppen

Grundsätzlich orientieren wir uns an den Komponenten des Rades und gehen dementsprechend systematisch vor. Wichtig ist die Erinnerung an Dinge, die während der letzten Fahrt aufgefallen sind: Hat irgendein Teil gemuckt? Davon abgesehen verlangen in Abhängigkeit von Belastungsdauer und Intensität die einzelnen Komponenten mehr oder weniger Aufmerksamkeit.

4.2.1.

Vor der Fahrt

An den Anfang wollen wir aber den „Pre-Drive-Check" setzen – egal, ob wir aus der Garage starten oder von einem Parkplatz, nachdem wir das Rad aus dem Auto genommen haben. Diese Überprüfung soll noch einmal sicherstellen, dass wir uns mit einem technisch korrekten und damit sicheren Sportgerät auf den Trail bewegen.

Laufräder: Schnellspanner fest?
Bereifung: Luftdruck o.k.?
Bremsen: Druckpunkt? Kabel Bremsleitungen ohne Schaden? Bremsbeläge o.k.?
Steuersatz: Ohne Spiel?
Sattel/stütze: Schnellspanner fest?
Federelemente: Druck/Härte o.k.?
Computer: Auf Null gestellt?
Ausrüstung: Pannenwerkzeug am Mann?
Versorgung: Trinkvorrat? Verpflegung? Mobiltelefon? Geld?
Übrigens, dass alle Schrauben mit dem vorgeschriebenen Drehmoment angezogen sind, sollte ein Punkt sein, der im Zyklus der Wartung immer wieder sichergestellt wird.

Reinigung der Federelemente

Pflegen der Federelemente

4.2.2.

Die kleine Wartung nach der Fahrt

Die Reinigung erfolgt nach Bedarf, jedes mal komplett Waschen ist sicher nicht nötig. Aber wer sein Fahrrad liebt, darf sich auch hier mit dem Putzlappen vergnügen, bis dem letzten Stäubchen der Garaus gemacht ist. Das Minimum nach jeder Fahrt umfasst die Pflege der Kette sowie die der Federelemente.

war doch noch... Ist mir unterwegs etwas aufgefallen? Diese Dinge sollten sofort angegangen werden oder wenigstens rechtzeitig wieder auffindbar notiert.

Abziehen mit Lappen

Behandeln der Kette mit Kettenreiniger

Grobe Verschmutzungen gehören natürlich sofort entfernt – wer in einer Gegend mit Lehmboden unterwegs ist, weiß, dass sich die schnelle Reinigung lohnt. Vor allem die Gleitflächen der Federelemente danken sofortige Pflege mit längerer Lebensdauer. Wichtig: Das Gedächtnis befragen. Da

Schmieren der Kette

Typische Stellen, denen bei der Wartung besondere Aufmerksamkeit gewidmet werden sollte

4.2.3.

Die große Wartung

Dabei sollte eine grundsätzliche Reinigung in regelmäßigen Abständen stattfinden. So fällt die Kontrolle der Komponenten leichter. Alle beweglichen Teile sollten mit entsprechenden Pflege- und Schmiermitteln behandelt werden. Vor allem auf den Gleitbahnen von Federelementen sollte Dreck nicht festbacken.

Schaltwerksgelenke nicht vergessen!

- **Rahmen:** Sichtkontrolle auf Lackschäden und Rissbildung vor allem an den Schweißnähten, Klebefugen und am Ausfallende
- Ist das Ausfallende gerade?

- **Gabel:** Ölverlust, Druckverlust, Sichtkontrolle auf Risse oder Beschädigung der Lackierung (besonders bei Magnesiumgabeln), Abstreifer und Gleitflächen reinigen und mit Siliconöl imprägnieren; je nach Nutzungsintensität ein- bis zweimal im Jahr zerlegen, reinigen, mit neuem Öl befüllen bzw. abschmieren

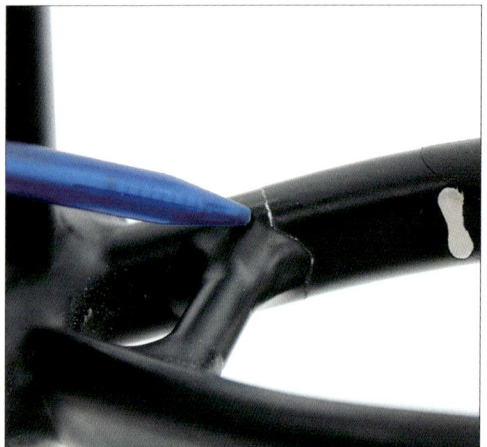

Rissbildung an Schweißnaht!

Korrosion – Ursache: mangelnde Pflege!

134

Prüfung des Hinterbaus auf Lagerspiel

- **Steuersatz:** Kontrolle des Lagerspiels, zerlegen und fetten

Kontrolle des Steuersatzspiels: Vorderrad mit Bremse halten!

- **Laufräder:** Speichenspannung zu gering? Auf Rundlauf achten, Leichtgängigkeit der Lager an der Achse in ausgebautem Zustand überprüfen. An den Naben und Felgen auf Risse vor allem auf der Bremsflanke und an den Speichenlöchern achten!

Überprüfen der Speichenspannung

- **Bereifung:** Suche nach Fremdkörpern, Verletzungen. Ist das Profil ausreichend? Luftdruck o.k.?

Beschädigte Reifenflanke

- **Brems-, Schaltgriffe:** Sauberkeit, Funktionskontrolle Schalt- und Bremsvorgang
- **Leitungen, Bowdenzüge:** Sichtkontrolle auf Knicke oder Verletzungen, Seile o.k. (nichts aufgeriffelt, vor allem an Nippeln und Klemmstellen)? Ggf. abschmieren; Endkappen in den Kabelstops fetten (Geräusch!); bei der Montage neuer Bowdenzüge möglichst gedichtete Endkappen verwenden

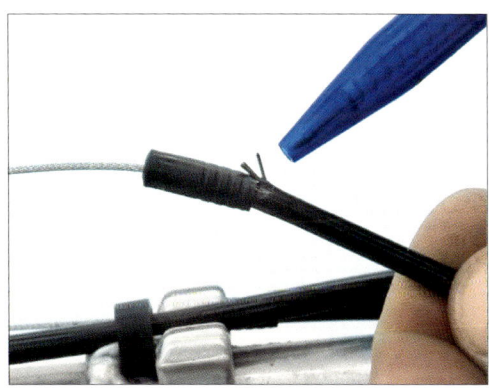

Aufgeplatzte Schaltzughülle

- **Schaltwerk hinten:** Reinigung, mit Kriechöl schmieren, schauen, ob es gerade ist. Achten Sie auf die beiden Führungsröllchen: Verschleiß der Zähne? Leichtgängiger Lauf? Schaltvorgang überprüfen, auf korrekte Flucht achten

- **Innenlager:** fester Sitz, Lagerung spielfrei und leichtgängig (erkennt man am besten bei ausgehängter Kette, sollte sich ruck- und kratzfrei drehen lassen)

Prüfung des Innenlagers auf Leichtgängigkeit

- **Schaltwerk vorne:** Sichtkontrolle (verbogen?), Reinigung, mit Kriechöl schmieren, Schaltvorgang überprüfen
- **Kurbeln mit Kettenblättern:** Sind die Kettenblattschrauben fest? Kettenblätter reinigen, Sichtkontrolle der Zähne, Befestigung auf Innenlagerwelle auf festen Sitz prüfen

- **Zahnkranz:** reinigen, auf festen Sitz achten, Sichtkontrolle Verschleiß (z.B. verbogene oder ausgebrochene Zähne), bei Spiderkonstruktionen (auf Ritzelträgern vernietete Ritzel) Vernietung kontrollieren
- **Kette:** Kontrolle von Längung bzw. Verschleiß (Messwerkzeug) und Vernietung (vor allem am Verschluss), reinigen, schmieren; auf feste Glieder achten (sieht man gut beim Rückwärtsdrehen der Kurbel. Abhilfe bei klemmenden Gliedern schafft ein wenig Hin- und Herbiegen der Kette, manchmal sind auch Laschen verbogen – dann hilft nur ein Wechsel)

Sichtkontrolle der Kettenblätter

Verformte Kettenlaschen

(Spezial-Radiergummi wie Mavic), Belageinstellung überprüfen und bei ungleichmäßigem Verschleiß ggf. korrigieren

Reinigen vom Belagabrieb mit Mavics Spezialradiergummi

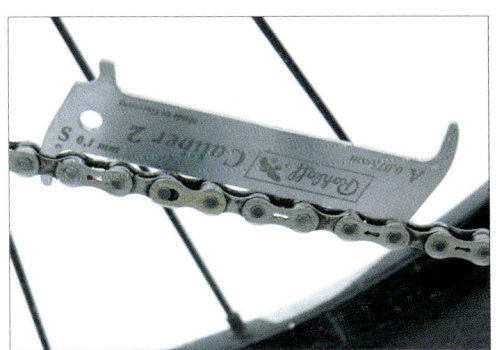

Messen des Kettenverschleißes mit dem Rohloff-Caliber

- Bremse(n): überprüfen Sie den Druckpunkt, Belagstärke, Zustand der Bowdenzüge (vor allem des Kabels) bzw. der Leitung. Achten Sie auf Belagfraß! Maßnahme: Beläge reinigen, Bremsflanken der Felge reinigen

- Pedale: Achten Sie auf festen Sitz, Clickmechanismus reinigen, schmieren, Pedalplättchen (Cleats) auf Verschleiß prüfen (Sichtprüfung)

Sichtkontrolle der Schuhplättchen (Cleats)

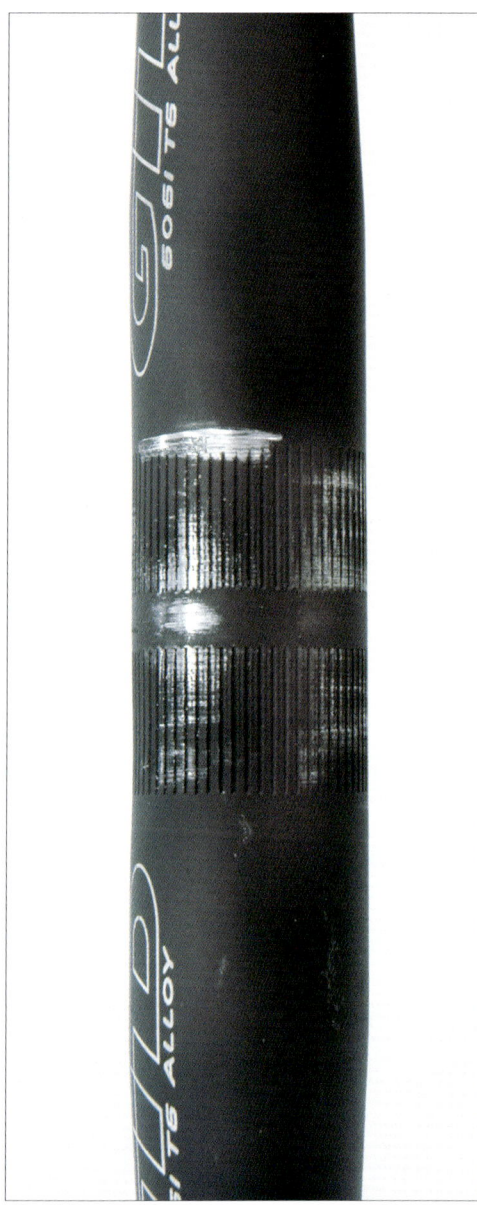

Lenker mit Kratzspuren: so was kann ins Auge gehen!

- Griffe:
achten Sie auf festen Sitz, Sauberkeit. Passen Sie auf, dass beim Schmieren die Griffe kein Öl abkriegen!

- Sattelstütze:
Sichtkontrolle, ob noch gerade (vor allem im Bereich der Sattelstützenklemmung); achten Sie auf feste Klemmung; kontrollieren Sie in Bezug auf Rissbildung vor allem oben im Bereich der Sattelbefestigung

- Sattel:
Sichtkontrolle Gestell, achten Sie auf Sauberkeit und Pflege der Sitzfläche
Alle diese Baugruppen erfordern regelmäßige Sichtkontrollen und angemessene Wartung.

4.2.4.

Sonderfall Sturz

Gerade mit dem Bike kommt das öfters vor – wenn aber der erste Schreck überstanden ist und die Feststellung „alle Knochen heil" getroffen ist, sollte man nicht sofort in die Pedale treten, sondern einen kleinen Kurzcheck machen: Drehen sich die Räder frei? Steht der Lenker gerade? Haben sich Barends oder Brems- und/oder Schalthebel verdreht? Ist die Bremse o.k.? Ist der Sattel gerade? Und sind Schaltwerk und Ausfallende noch „senkrecht"? Hängt irgendwo Dreck, Äste, Gras oder sonstige Fremdkörper in den Speichen, der Kette, im Schaltwerk oder Umwerfer? Zum gerade stellen aber nicht einfach Gewalt anwenden, sondern mit dem Bordwerkzeug vorgehen! Nach der Tour sollte eine genauere Untersuchung des Rades erfolgen. Dabei geht es uns in diesem Zusammenhang nicht

so sehr um Lackkratzer oder Beulen am Rahmen. Gefährlicher sind strukturelle Schäden, zum Beispiel Risse an Standrohren oder Gabelbrücken wie bei RockShoxs Sondermodell und an Carbonrahmen *(siehe dazu auch Kapitel 4.4).*

Unser Hauptaugenmerk sollten wir aber auf den Lenker legen: dieser wird bei einem Sturz gerne verbogen – hier hilft nur der Austausch. Denn gerade an den Klemmstellen des Lenkers, also am Vorbau und bei den Lenkerhörnchen, können sich Bruchstellen gebildet haben – und glauben Sie uns: es gibt kaum eine ekelhaftere Form des Sturzes als den in Folge eines brechenden Lenkers...

139

Schaltwerk verbogen – da geht nichts mehr

4.3.

Montagetipps

Neue Komponenten sollen montiert werden? Oder das Rad soll zerlegt werden, um es mal wieder so richtig auf Vordermann zu bringen? Sie wollen Geld sparen, statt es für die Werkstatt auszugeben lieber in neue Teile investieren? Auch hier gehen wir wieder nach Baugruppen vor.

Bremsbeläge: Wechsel, Reinigung

a) Felgenbremse:

 Bei den höherwertigen Bremsen lassen sich die Beläge ohne Demontage des Bremsschuhs auswechseln (solche Beläge gibt es auch als Nachrüstteil). Beim Wechsel des kompletten Bremsschuhs auf korrekte Montage der Konkav/Konvex-Scheiben achten (vor der Demontage am alten Belag orientieren).

...dann den Bremsbelag. Die Montage erfolgt umgekehrt

Belagtausch von Cartridgebelägen: erst den Splint entfernen...

b) Scheibenbremse

Bei Belagwechsel auf saubere, vor allem fettfreie Finger achten, Scheibe mit Bremsenreiniger säubern, Kolben mit Kunststoffhebel zurückdrücken. Belagkanten brechen. Bei verschlissenen Discbelägen (Mindeststärke siehe Herstellerangabe) die Bremskolben entweder mit großem Schlitzschraubendreher bei noch montierten alten Belägen oder bei ausgebauten Belägen mit Kunststoffreifenheber zurückdrücken.

Zurückstellen der Bremskolben mittels Reifenheber

Bremsbeläge gemäß Bedienungsanleitung des Herstellers auswechseln. Nach dem Wiedereinbau des Laufrades Bremse mehrfach betätigen und Scheibe auf freien Lauf prüfen! Wenn die Scheibe schleift, s.u. Einstellen der Bremse.

So weit sollte man es nicht kommen lassen!

Bremse

a) Felgenbremse

Bei Erstmontage der Bremsen oder Belagwechsel sind folgende Punkte zu beachten:

- Die Bremsbeläge sollten die Felge in Fahrtrichtung vorne zuerst berühren (toe-in)

- In vertikaler Richtung werden die Beläge streng parallel zu Felge ausgerichtet

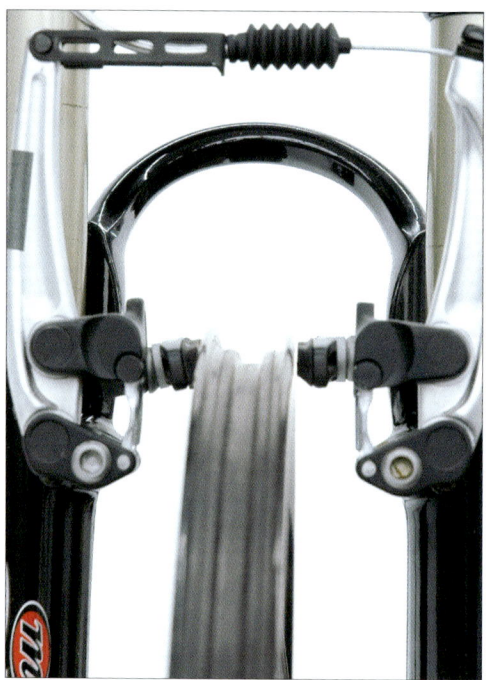

- Bremshebelweg über die Seilklemmung individuell einstellen

b) Scheibenbremse
Voraussetzung für die einwandfreie Funktion einer Scheibenbremse ist eine korrekt fluchtende Aufnahme der Bremszange: bei den Gabeln passt das fast immer, bei den Hinterbauten selten – Schweißverzug!

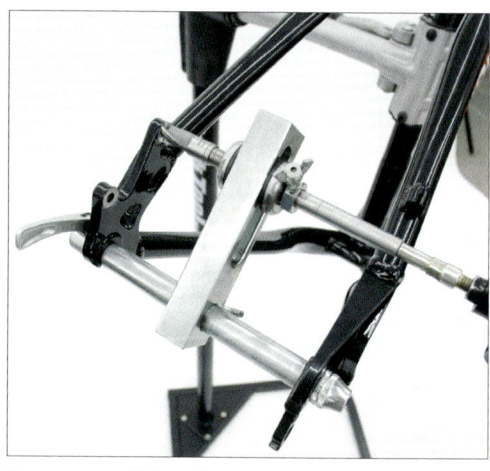

Im guten Bikeshop wird die Bremsaufnahme passgenau gefräst

- Beläge konzentrisch zur Felge am Felgenrand ausrichten, so dass sie auf der ganzen Fläche tragen! Achtung, Gefahr: die Beläge können bei fehlerhafter Ausrichtung die Reifenflanke aufschlitzen!

142

- Bremsscheiben gemäß Bedienungsanleitung montieren (Anzugsmoment beachten)
- Der Bremssattel wird so montiert (mittels Distanzscheiben bzw. Langlochverstellung), dass die Öffnung des Sattels genau mittig über der Bremsscheibe steht (nicht an den Belägen orientieren, sondern am Sattel)

- Die Bremsleitungen gemäß Bedienungsanleitung passend ablängen

Gabel:

Schaft kürzen, Kralle montieren, Vorbau und Steuersatz montieren und einstellen
- Vorbereitung (durch Hersteller oder Bikeshop): Lagersitze fräsen, Lagerschalen paralell einpressen
- Schaftlänge: der Gabelschaft soll ca. 3 mm unter der Vorbauoberkante enden (Spacer nicht vergessen), zum Sägen nehme man ein handelsübliches Sägeblatt mit 24 Tpi

- Zur Belageinstellung den Bremshebel mehrfach betätigen. Wenn die Beläge nicht gleichmäßig zur Scheibe zu stehen kommen, dann unter Ausnutzung der Flexibilität der Scheibe durch Druck auf den zu nahe stehenden Belag und durch gleichzeitiges Betätigen des Bremshebels den Belagabstand gleichmäßig einstellen (auf saubere Hände achten!).

Das Anreißen der Schaftlänge – von dieser Markierung zieht man noch 3 mm ab

Ablängen des Gabelschaftes korrekt mit Sägevorrichtung...

Wichtig: Schnittkanten brechen bzw. gründlich entgraten!

- Die Kralle mit Montagegerät oder ersatzweise langer Schraube M6 ins Schaftrohr einschlagen bis ca. 15 mm unter Schaftoberkante

Einschlagen der Kralle mit Spezialwerkzeug

...aber bitte nicht so!

- Sämtliche Lagerteile gut fetten und gemäß Einbauanleitung montieren, Spacer aufstecken, Vorbau aufstecken, Kappe mit Schraube montieren und Vorbau mit derselben gerade so fest ziehen, dass der Steuersatz gerade kein Spiel hat, aber noch leicht läuft. (Genaueres dazu siehe unten), dann die Vorbauklemmung am Gabelschaft unter Beachtung der Herstellerdrehmomentangaben fixieren.

Der Steuersatz darf kein Spiel mehr haben, soll aber leicht laufen

Innenlager: Ein- und Ausbau

a) Bei der Innenlagermontage wird das sauber geschnittene und plangefräste Tretlagergehäuse des Rahmens (Bike-shop!) reichlich mit Montagepaste (zur Not auch Kupferpaste oder Fett) versehen.

Festziehen der rechten Lagerschale

d) Abschließend die linke Lagerschale entsprechend fest ziehen.

b) Beide Lagerschalen werden von Hand ins Gewinde eingedreht, wobei auf die Drehrichtung (BSA: rechte Schale Links- / linke Schale Rechtsgewinde) zu achten ist.

Festziehen der linken Lagerschale

Die Demontage erfolgt in umgekehrter Reihenfolge und Drehrichtung.

c) Die rechte Lagerschale wird fest angezogen (Drehmoment s. Herstellerangabe).

Kette de-/montieren

a) Demontage:

Das Entfernen der Kette erfolgt mit dem Nietendrücker an einer beliebigen Nietstelle – nur nicht dort, wo bereits einmal vernietet worden ist (bei Shimano-Ketten erkennbar an der unterschiedlichen Optik der Kettenverschlussstifte).

Senkrecht fluchtendes Schaltwerk – die Kettenlänge stimmt

den Außenlaschen im Originalzustand belassen)
- Verschlussteile einfetten, vor allem die Bohrungen in den Innenlaschen
- Bei Shimano-Ketten den passenden Verschlussstift (7-8fach oder 9fach oder 10fach) verwenden

b) Montage:

- Die Kettenlänge für die neue Kette von der alten Kette übernehmen, wenn vorhanden, sonst Kette vorne aufs große Blatt auflegen und hinten aufs kleinste Ritzel: die beiden Rollen am Schaltwerk müssen jetzt in der Senkrechten fluchten.
- Kette immer von der Innenlaschenseite her mit dem Nietendrücker ablängen (d.h. das Ende der Kette mit

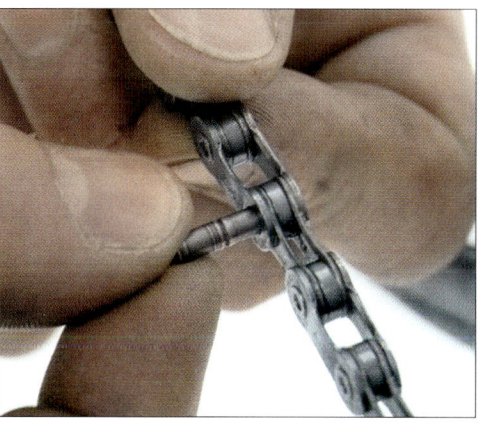

Den Niet mit der Einführhilfe zuerst einsetzen

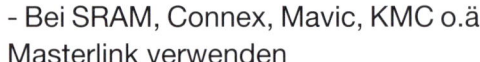

- Bei SRAM, Connex, Mavic, KMC o.ä. Masterlink verwenden

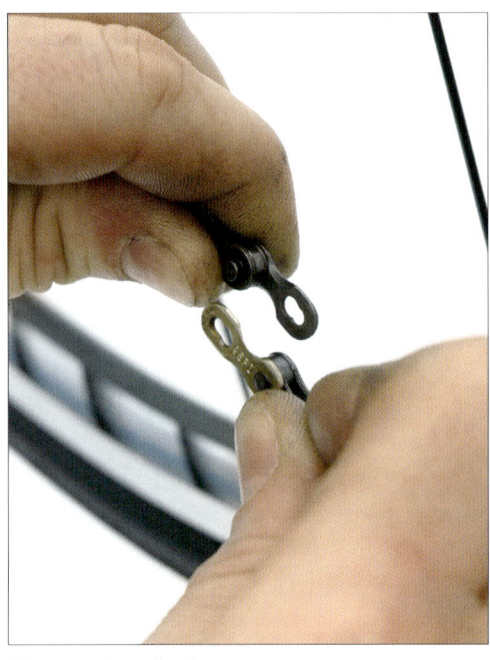

Eindrücken des Verschlussstiftes bis zum Einrasten – nur mit dem Kettennieter, nicht mit Hammer, Zange o.ä.!

Besser ist das!

- Verschlussstelle auf Leichtgängigkeit prüfen, ggf. durch seitliches Drücken leichtgängig machen

Nach vollendetem Eindrücken des Nietstiftes Einführhilfe abbrechen

Kurbel

a) Hollowtech2:

- Das Eindrehen der Lagereinheiten erfolgt wie oben beschrieben
- Einstecken der Kurbel-/achseinheit von rechts (Achse fetten)

- Die Kurbel durch leichtes Klopfen mit dem Kunststoffhammer auf Anschlag bringen

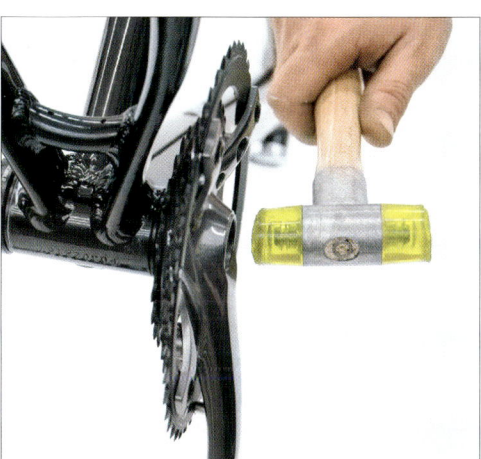

- Aufsetzen der linken Kurbel

- Beseitigen des Axialspiels durch Festziehen mit dem Einstelldeckel

- Befestigen der linken Kurbel – Anzugsmoment beachten

b) Montage Oktalink/ISIS/4-Kant:

- Kurbel formschlüssig auf die Achse aufsetzen (bei ISIS und Oktalink Achse leicht fetten, 4-Kant trocken montieren)

- Zur Demontage (in umgekehrter Reihenfolge): Kurbelachseinheit mit dem Kunststoffhammer austreiben

- Gefettete Kurbelschrauben eindrehen und festziehen (Anzugsmoment gemäß Herstellerangabe)

150

Bei X-Type Kurbeln läuft es ähnlich ab – siehe Manual des Herstellers.

c) Demontage Oktalink/ISIS/4-Kant:

- Kurbelschrauben und Unterlegscheiben herausdrehen
- Abzieherstopfen (Oktalink / ISIS) und Kurbelabzieher ansetzen

- Abzieher wieder ausdrehen

- Abzieher vollständig ins Kurbelgewinde eindrehen (Abziehdorn vorher weit genug ausdrehen) und mit Gefühl fest ziehen

- Abziehen der Kurbel durch Eindrehen des Abziehdorns

Lenkergriffe montieren

Am schnellsten und einfachsten lassen sich Lenkergriffe mit der Luftkissentechnik (Druckluftpistole) wechseln. Wer keine Pressluft hat, hilft sich

mit Bremsenreiniger, Haarspray o.ä. Das Hilfsmittel sollte leicht verdunsten – auf keinen Fall ölige Substanzen benutzen!

Beim Abnehmen der Griffe hilft eine Stricknadel oder ein Schraubenzieher, damit das Gleitmittel tief unter den Griff fließen kann

Unmittelbar vor der Montage passendes Gleitmittel einbringen

Pedalplatten (Cleats)

Diese montiert man gemäß Herstelleranleitung. Gewinde und Schraubenköpfe vor der Montage einfetten. Achtung: Manche Schuhe haben etwas dickere Sohlen, so dass die Schraubenlänge zur Montage der Cleats nicht ausreicht – zwar liefern die Schuhhersteller oft längere Schrauben mit, aber die „fehlen gerne" in der Packung. Auf keinen Fall zu kurze Schrauben montieren (3-4 Gewindegänge sollten es sein)! Abhilfe schafft der gut sortierte Bikeshop.

Rad Ein-/Ausbau

Zum Ausbau des Hinterrades: Aufs kleinste Ritzel schalten, Schnellspanner lösen, Schaltwerk leicht nach hinten ziehen und das Rad durch einen leichten Schlag auf den Reifen nach unten aus dem Rahmen lösen. Achtung: bei Felgenbremsen vorher die Bremse aushängen (V-Brake-Pipe, Magura: Schnellspanner).

Zum Einbau des Hinterrades: Schaltwerk nach hinten ziehen, und das kleinste Ritzel unter das obere Kettentrum positionieren.

153

Das Laufrad nach oben in die Ausfallenden ziehen – bei Scheibenbremsen Scheibe vorsichtig zwischen die Beläge einfädeln. Dann das Laufrad fest in den Ausfallenden auf Anschlag setzen, so dass das Rad vertikal mit dem Rahmen fluchtet. Schnellspanner fest schließen.
Achtung: bei Felgenbremsen Bremse wieder einhängen!

Zum Ausbau des Vorderrades: Der Schnellspanner muss wegen der Sicherheitsnasen an der Gabel zusätzlich durch Aufschrauben der Schnellspann-Mutter entspannt werden.

Rad notzentrieren

Zum Einbau des Vorderrades: Das geht zum Glück leichter weil ohne Kette. Trotzdem: Bremse einhängen nicht vergessen!

Unterwegs wird das aus zwei Gründen nötig. Entweder man holt sich einen Achter – wie auch immer – da darf man ausnahmsweise mal was „übers Knie" biegen.

Beim Riss einer Speiche hilft dem, der keine Notspeiche dabei hat, nur eine Methode: die beiden Nachbarn der gerissenen Speiche maßvoll zu lösen.

Reifen: Draht, tubeless

a) Montage „Tubeless" (UST):

1. Die Reifenflanke mit Reifenmontagepaste oder Seifenwasser einschmieren

2. Eine Reifenhälfte auf die Felge aufziehen

4. Den Reifen bis kurz neben dem Ventil über das Felgenhorn drücken

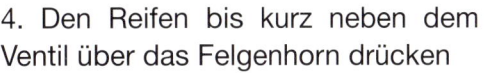

3. Dem Ventil gegenüber beginnend, die zweite Hälfte des Reifens auf die Felge aufziehen (ohne Werkzeug)

5. Den Reifenwulst rundherum ins Tiefbett drücken

7. Darauf achten, dass der Reifen nicht die Ventilöffnung blockiert! Mit Druckluftpatrone oder Kompressor auf zulässigen Maximaldruck befüllen und einige Stunden stehen lassen, um Dichtigkeitsprobleme zu vermeiden. Dann auf gewünschten Betriebsdruck bringen.

6. Den Reifen beim Ventil ohne Werkzeug über das Felgenhorn drücken

b) Demontage „tubeless" (UST):

1. Den Reifenwulst nur auf einer Seite tief ins Felgenbett drücken

c) Drahtreifen montieren

1. Die erste Reifenhälfte auf die Felge aufziehen

2. Die Reifenwulst mit dem Daumen über das Felgenhorn nach außen ziehen

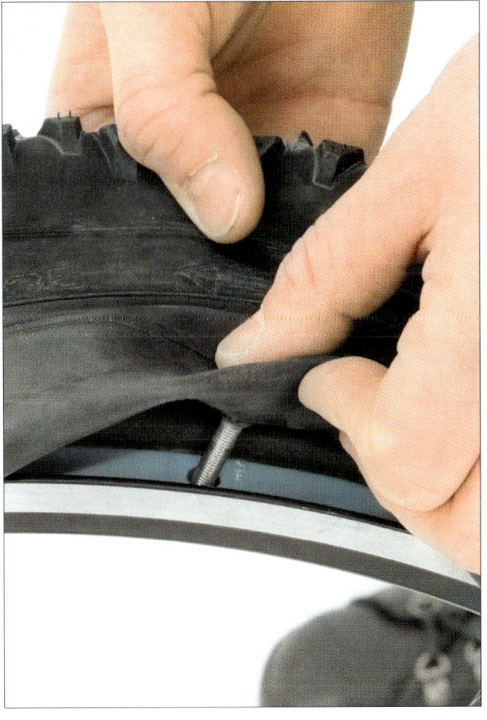

3. Jetzt den Reifen vollständig abziehen. Bei schlauchlosen Reifen immer ohne Montierhebel arbeiten, um die Dichtflächen nicht zu beschädigen!

2. Ventil in die Ventilbohrung einführen

157

3. Schlauch leicht aufpumpen, um Falten und Knicke zu vermeiden

5. Gegenüber dem Ventil beginnend den Reifen über die Felgenflanke drücken, dabei immer darauf achten, dass der Schlauch nicht eingeklemmt wird!

4. Schlauch vollständig in den Reifen einlegen

6. Reifen am Ventil – wenn möglich ohne, wenn nötig vorsichtig mit Montierhebel – über das Felgenhorn heben

7. Ventil in die Felge drücken, so dass der Reifenwulst an der Ventilverdickung vorbei in den Felgensitz rutschen kann. Anschließen auf Betriebsdruck bringen – Rundlauf überprüfen! Bei hartnäckig unrundem Sitz mit Reifenmontagepaste nachhelfen.

d) Drahtreifen demontieren

1. Luft ablassen (Ventilmutter vorher lösen, sonst wird es später schwierig), Reifen zusammendrücken und Montierhebel unter dem Reifenwulst ansetzen und diesen über das Felgenhorn heben – ggf. mit zweitem oder drittem Hebel arbeiten

2. Den Reifen einseitig rund herum von der Felge lösen, den Schlauch entnehmen – Ventil nicht beschädigen!

Felgenband

Bei der Auswahl des Felgenbandes ist darauf zu achten, dass dieses aus stabilem Material besteht und das Felgenbett möglichst vollständig ausfüllt, um Beschädigungen des Schlauches durch die Speichenbohungen zu vermeiden.

Schaltwerk, Einstellung

Die Grundvoraussetzung für eine funktionierende Schaltung sind ein gerades Ausfallendes und intakte, leichtgängige Bowdenzüge. Zum Durchschalten, wie beim Fahren, die Kurbel und damit die Kette vorwärts drehen.

a) Der Anschlagspunkt für das kleinste Ritzel wird mit der Einstellschraube „H" so eingestellt, dass die Kette senkrecht unter dem Ritzel fluchtet (bei Inversschaltwerk „rapid rise" unter dem größten Ritzel, Einstellschraube „L").

b) Schalthebel so schalten, dass das Schaltseil komplett ausgegeben ist, dann das Schaltseil manuell auf Spannung bringen und mit der Klemmschraube am Schaltwerk befestigen.

Dabei bitte darauf achten, dass das Seil genau in der vorgesehen Kerbe am Schaltwerk positioniert ist.

c) Schalthebel eine Raste betätigen (dabei die Kurbel drehen, so dass die Kette schalten kann) und dann die Seilspannung an der Einstellschraube an Schaltwerk oder Schalthebel so justieren, dass die Kette aufs nächste Ritzel wechselt und senkrecht unter diesem fluchtet.

e) Kette vorne auf kleines Kettenblatt und hinten auf größtes Ritzel schalten. Dann die Kurbel rückwärts drehen. Nun die obere Schaltrolle mit der Einstellschraube „B" so knapp wie möglich ans Ritzel justieren, ohne dass sie dieses berührt.

d) Durchschalten bis an andere Ende des Zahnkranzes und die Endposition unter dem größten Ritzel mit der Einstellschraube „L" einstellen (bei Inversschaltwerk „rapid rise" unter dem kleinsten Ritzel, Einstellschraube „H").

Umwerfer, Einstellung

a) Den Umwerfer in der Höhe so anbringen, dass zwischen dem äußeren Kettenleitblech und dem großen Kettenblatt ca. 2 mm Distanz bleiben.

c) Kette hinten aufs größte Ritzel schalten und vorne aufs kleine Kettenblatt legen (natürlich auch den Umwerfer, der schwingt eh von alleine nach innen) und die Umwerfereinstellschraube „L" so einstellen, dass das innere Kettenleitblech die Kette gerade nicht berührt.

b) Den Umwerfer durch Verdrehen am Sattelrohr so ausrichten, dass das äußere Kettenleitblech parallel zu den Kettenblättern steht.

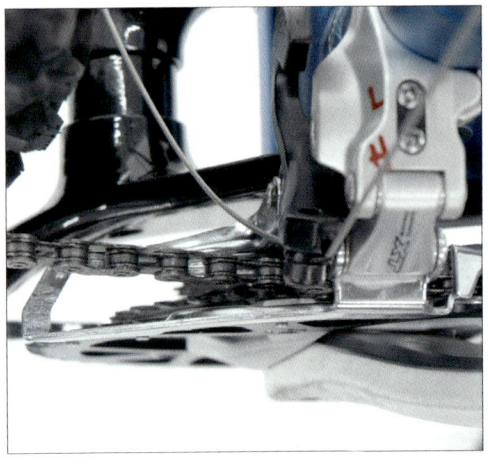

d) Schalthebel so schalten, dass das Schaltseil komplett ausgegeben ist, dann das Schaltseil manuell auf Spannung bringen und mit der Klemmschraube am Umwerfer befestigen (auch hier auf die Lage des Seils in der vorgegebenen Kerbe achten).

e) Kette hinten aufs kleinste Ritzel und vorne aufs große Blatt schalten, dann die äußere Begrenzung mit der Einstellschraube „H" so justieren, dass das äußere Kettenleitblech die Kette gerade nicht mehr berührt.

f) Kette hinten aufs größte Ritzel und vorne aufs mittlere Kettenblatt schalten, die Seilspannung an der Einstell-

schraube am Schalthebel so justieren, dass das innere Kettenleitblech die Kette gerade nicht berührt.

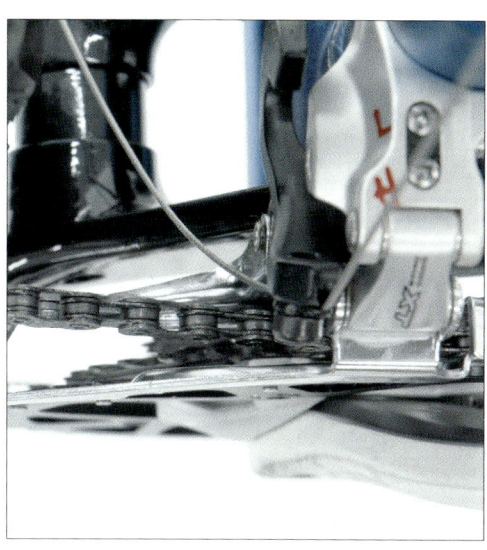

163

Anmerkung: Bei Top-Swing-Umwerfern sind die Schrauben „H" und „L" anders positioniert, bedeuten aber immer das gleiche. Auf Beschriftung achten!

Steuersatz: Einstellung

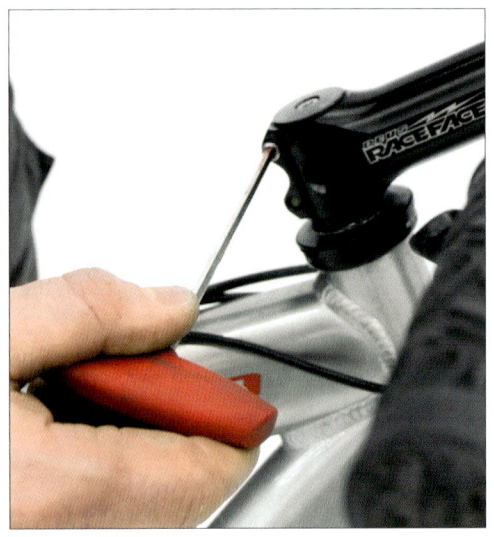

a) Vorbauschaftklemmung lösen.

b) Lagerspiel durch Drehen der oberen Einstellschraube beseitigen und durch Ziehen der Vorderradbremse bei gleichzeitigem Vor- und Zurückdrücken des Lenkers kontrollieren.

Vorbau, Lenker, Barends

c) Vorbauschaftklemmung fixieren – Anzugsmoment beachten!

d) Steuersatz auf Leichtgängigkeit prüfen (siehe Gabeleinbau).

Bei Vorbau/Barends auf scharfe Kanten an den Kontaktstellen zu Lenker und Schaft prüfen, ggf. nacharbeiten. Anzugsmomente beachten (wichtig ist eine gleichmäßige Klemmung, oft genügt ein geringeres Anzugsmoment). Achtung: nicht alle Lenker dürfen mit Barends ausgestattet werden – evtl. gibt es Verstärkungshülsen, die passgenau im Lenkerende sitzen.

Auf gleichmäßigen Klemmspalt achten

Durch zu festes Anziehen der Barendklemmung gestauchter Lenker – Schrott!

Zahnkranz

Der Zahnkranz wird mit Hilfe der Kettenpeitsche und eines zum Zahnkranz passenden Abziehers gelöst (Verschlussring ist ein normales Rechtsgewinde).

Wichtig: den Zahnkranzkörper (Rotor) vor dem Aufsetzen des Zahnkranzes einfetten, um Korrosion und Geräuschbildung zu vermeiden. Den Kranz kann man prinzipiell nicht falsch montieren, da er nur in einer Position passt – vor allem beim kleinsten Ritzel drauf achten, dass die Verzahnung korrekt sitzt!

Zum Befestigen des Zahnkranzes benötigt man nur den Abzieher, da der Freilauf das Gegenhalten übernimmt.

4.4.

Carbon

Für alle Bauteile aus Kohlefaser gibt es hier noch gesonderte Hinweise. Carbon ist auf der einen Seite ein Wundermaterial, aber auch wenn die Crashs der F1-Boliden aus Funk und Fernsehen suggerieren, dass Bauteile aus Kohlefaser nahezu unzerstörbar sind, gilt es, für die Montage ein paar Grundsätze zu beachten.

Was Kohlefaser nicht mag: hohe Punktlasten auf Druck. Das kann ein Grat an der Vorbauklemmung, eine unsauber gefertigte Sattelstützungklemmung oder ein scharfkantiges Barend sein – oder eine Bordsteinkante. Bauteile aus Metall offenbaren bei Überlastung eindeutige Merkmale: beginnende Rissbildung, plastische Verformung wie Knicke oder Falten. Derartige Hinweise liefert ein Carbonteil nicht. Carbonrahmen sind unbedenklich – wenn nicht gerade ein extrem übler Sturz vorliegt, kann kaum etwas passieren. Nach einem Sturz sollte deshalb genau nachgesehen werden, ob irgendwelche Marken auf der Oberfläche (meist erscheint eine solche Stelle trübe bzw. zeigt Ansätze von Bruchspuren) auf eine Beschädigung hinweisen. Bei Schwierigkeiten an dieser Stelle immer den Rat und die Hilfe einer vertrauenswürdigen Fachwerkstatt einholen. Einige Hersteller bieten mittlerweile auch ein so genanntes „crash replacement" an, was bedeutet, dass man die Möglichkeit hat, im Zweifelsfall (immerhin kann es um Leib und Leben gehen) den mutmaßlich defekten Carbonrahmen für einen reduzierten Preis gegen einen neuen Rahmen zu tauschen. Bei den immer mehr verbreiteten Lenkern aus der Wunderfaser wäre ein Versagen fatal – Hauptaugenmerk gilt hier den Klemmstellen von Vorbau und Brems-/Schaltgriffen und Lenkerhörnchen.

Für die Anzugsmomente heißt das: So sanft und gleichmäßig wie möglich! Zu empfehlen ist an diesen kritischen Stellen der Einsatz einer Carbon-Montagepaste, welche die Oberflächenreibung zwischen den Bauteilen erhöht. Dies erlaubt es, die Anzugsmomente zu verringern und somit die Belastung auf das Material zu senken. Das gilt für Sattelstützen gleichermaßen – eine brechende Sattelstütze kann übelste Verletzungen verursachen. Glücklicherweise sind diese mittlerweile derart dimensioniert, dass solche Fälle der Vergangenheit angehören.

Zu guter Letzt ein Hinweis an schwergewichtige Fahrer und Hardcore-Biker: Lassen Sie die Finger von Leichtbauteilen – wir gehen später noch drauf ein.

4.5.

Troubleshooting

Hier geht es um all die kleinen Ärgernisse, die einem das Bikerleben sauer machen können.

Dauerplatten/Schleicher

Verrutschtes oder zu schmales Felgenband: die scharfen Kanten der Felgenbohrungen zerstören den Schlauch

- Problem Nr. 1:
das Felgenband ist zu schmal oder zu weich oder hat Risse oder Löcher

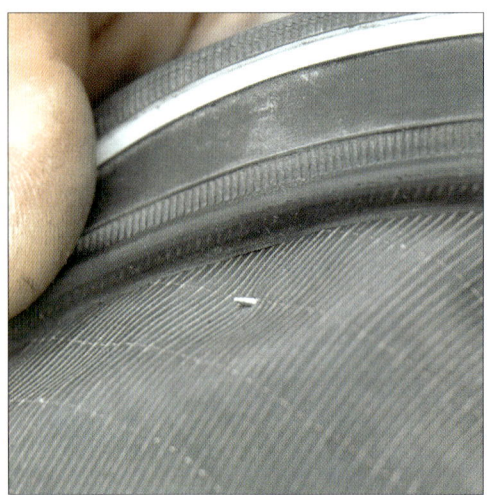

- Problem Nr. 2:
ein kleiner Fremdkörper in der Reifendecke (Draht, Stachel, Glassplitter etc.)

- Problem Nr. 3:
Auflösungserscheinungen der Karkasse reiben den Schlauch auf

- Problem Nr. 4:
Vielleicht mal mit mehr Luftdruck fahren!

Bremsenquietschen und Schaben

a) Felgenbremse
- Felge reinigen (Metallradiergummi, s.o.)
- Beläge in Längsrichtung reinigen (Feile oder Schleifpapier, 80er)
- Evtl. eine andere Belagmischung probieren
- „Toe-in" (s.o.), das heißt, die Beläge leicht pfeilförmig ausrichten
- Fester Sitz der Bremskörper?
- Evtl. Brake-Booster montieren

b) Scheibenbremse
- Scheibe mit Bremsenreiniger reinigen (auf keinen Fall Reiniger mit rückfettenden Bestandteilen benutzen)
- Auf festen Sitz von Zange und Scheibe achten
- Auf saubere Flucht achten, Aufnahmen am Rahmen nachfräsen (s.o.; innen und außen, Bikeshop)

- Bei 2- oder 4-Kolbenzangen sollen die Bremssättel unbedingt mittig über der Scheibe montiert sein
- Beläge mit feinem Schleifpapier abziehen, mit einer Feile die Kanten des Belags brechen, evtl. durch neuen

oder anderen Typ ersetzen
- Speichenspannung kontrollieren
- Anzugsmoment des Naben-Schnellspanners variieren

Knacken aller Art und ominöse Geräusche - abhängig von der Fahrweise

a) Kurbel
- Kurbel/Kurbelsitz locker: Schrauben ganz raus, Gewinde und Kopf fetten, festziehen nach Herstellerangabe; Kettenblattschrauben ausbauen, fetten und nach Einbau festziehen (Stahl ca. 6-7 Nm)
- Kurbel mit Spiderarm (demontierbarer Träger für die Kettenblätter): Spider demontieren, sämtliche Kontaktflächen mit Schraubenkleber „niedrigfest" benetzen, gut festziehen

b) Innenlager
Lagerschalen locker? Tretlagergehäuse unsauber geschnitten (Gewinde und Stirnflächen!)? Nachschneiden lassen im Bikeshop! Gewinde fetten, beide Lagerschalen fast vollständig einschrauben, erst die rechte Lagerschale fest ziehen, dann die linke

c) Lenker, Vorbau
- Beim AheadSet fast ausgestorben, bei klassischen, gesteckten Vorbauten den Vorbauschaft fetten
- Evtl. kann bei im Winkel einstellbaren Vorbauten der Einstellmechanismus nerven – zerlegen, fetten, zusammenbauen

d) Pedal
Gewinde fetten, festen Sitz in der Kurbel kontrollieren

e) Pedalplatten:
Auf Verschleiß prüfen, festen Sitz kontrollieren, ggf. auswechseln

Rahmenknacken/-knarzen
- Kommt oft vom auswechselbaren Schaltauge! Da hilft nur: Abnehmen, reinigen, Kontaktflächen fetten, und dann gut festschrauben
- Im Steuersatz: oft sind nicht plane Steuerrohre oder lose sitzende Schalen oder der Gabelkonus die Ursache
- Sattelstütze, Sattel: Zunächst die Verschraubung prüfen, Gewinde fetten. Manchmal ist auch die überschüssige Sattelstützenlänge der Grund – da hilft nur kürzen
- Bei gefederten Hinterbauten können unzureichend feste Schraubverbindungen die tollsten Geräusche fabrizieren – wie übrigens auch verschlissene Lagerbuchsen

„Spontanschalten"
Entsteht oft durch festes Kettenglied (siehe Kettenmontage). Ein Tipp zum Finden: in einen Gang mit geringer Spannung schalten – vorne klein, hinten Mitte bis klein – und die Kurbel rückwärts drehen. Das feste Glied fällt durch Rucken oder Hupfen an den Umlenkrollen auf.

Man kann versuchen, das Kettenglied wieder beweglich zu machen, indem man die Kette vorsichtig seitlich biegt, bis der Bolzen wieder leicht dreht.

Kurbelwackeln
Die Kurbelschrauben mit dem vorgeschriebenen Drehmoment nachziehen. Wenn sich die Kurbeln wiederholt lockern sollten, ist sehr wahrscheinlich die Achsaufnahme aufgeweitet und die Kurbeln müssen erneuert werden.

Speichen
Geräusche in den Laufrädern rühren oft von lockeren Speichen her, da diese an den Kreuzungspunkten oder im Naben- und Felgensitz reiben und so Geräusche produzieren. Abhilfe: Speichenspannung korrigieren, evtl. Speichennippelsitz in der Felge mit Kriechöl behandeln.

Schaltauge richten

Tipp für unterwegs: wenn ein zweiter Biker greifbar ist, kann das Schaltauge mit der eingeschraubten Hinterachse eines zweiten Hinterrades (wenn dieses eine Achse mit Gewinde hat) ausgerichtet werden.

Ansonsten das gesamte Schaltwerk mit den Händen umfassen und mit dem Schaltwerk das Schaltauge vorsichtig ausrichten. Vorsicht, das ist eine Notreparatur, um nach Hause fahren zu können! Das Teil gehört so schnell wie möglich ausgewechselt!

Schlaggeräusch bei Hindernissen: Sofortmaßnahmen

Wenn beim Überfahren von Hindernissen Schlaggeräusche auftreten, sofort anhalten und Folgendes überprüfen:
- Steuersatz Lagerspiel? Gabelspiel?
- Bei Fullys: Lagerspiel im Hinterbau?
- Nabenschnellspanner locker?
- Zahnkranzkassette locker?
- Nabenachse gebrochen?

Viele dieser Tipps sollte man nicht erst im Notfall anzuwenden versuchen, sondern in einer ruhigen Stunde zu Hause einfach mal ausprobieren. Im Ernstfall macht das Lernen längst nicht soviel Spaß wie ein Erfolgserlebnis am heimischen Schraubstock – und wer hat das Buch schon „on trail" immer bei der Hand?

4.6.

Einpacken für die Reise (Auto/ Flug)

Man fährt ja nicht nur auf den zwei Rädern. Manchmal packt einen das Fernweh, oft geht es zu einem entfernten Ziel, und um dieses zu erreichen, muss das Rad im Auto oder gar für eine Flugreise verstaut oder sinnvoll eingepackt werden.

4.6.1.

Auto

Sicher ist das der häufigere Fall. Man will ja nicht, dass etwas kaputt geht, oder dass bei einer Vollbremsung oder gar einem Crash das Rad die Besatzung des Wagens verletzt. Weiterhin soll der Verschmutzung des Wagens vorgebeugt werden. In der Regel genügt es, die Laufräder auszubauen und in Taschen zu verstauen, um diese selbst wie auch das Rad vor Kratzern und ähnlichen leichten Schäden zu schützen.

Besonderes Augenmerk gilt der meist öligen Kette: Es gibt spezielle Halter, die die Kette so führen, dass sie nicht lose herum hängt und so daran gehindert wird, das Fahrzeuginnere zu beschmutzen. Darüber hinaus ist es sinnvoll, eine alte Decke (zum Einschlagen des Rades) und einen Putzlappen (kommt um die Kette) bereit zu halten.

Wichtig: Auf das Schaltwerk achten, um weder dieses noch das Ausfallende zu verbiegen. Bei Scheibenbremsen die Platzhalter in die Zangen stecken.

Und wenn man wieder auspackt, um das Rad fahrbereit zu machen, anschließend alle kritischen Punkte nochmals prüfen, so wie wir es beim Pre-Drive-Check vorschlagen. Dazu kommt ein provisorisches Durchschalten von ein paar Gängen, da die Kette oft nicht mehr so liegt wie vorher. Wer den Sattel samt Stütze entfernt hat, muss zusätzlich die richtige Sitzhöhe justieren.

4.6.2.

Flugreise

Welches Behältnis sich der engagierte Radler auswählt, um sein geliebtes Rad auch bei Flugreisen in den sonnigen Süden unbeschadet zu transportieren, ist nicht zuletzt eine Kostenfrage. Wer je erlebt hat, wie auf Flugplätzen beim Umladen des Gepäcks mit demselben verfahren wird, legt auf jeden Fall Wert auf ein sicheres Behältnis.

An erster Stelle steht der Transportkoffer. Brauchbare Koffer aus Kunststoff gibt es schon für weniger als 200,- in guter Qualität. Wenn der Koffer beschädigt wird, bleibt wenigstens das Rad heil (die Schäden am Koffer sofort bei der Airline reklamieren). Aber wie

bringt man ein Rad in so einen Koffer hinein? Beim MTB ist das Verpacken in einen Koffer aufwendiger als beim Rennrad: Der Radstand ist länger, die (nahezu ausnahmslos gefederte) Gabel länger und breiter. Deshalb müssen über den Ausbau der Laufräder und des Sattels samt Stütze hinaus oft auch der Lenker samt Vorbau und das Schaltwerk demontiert werden. Wichtig: Bei Scheibenbremsen die Platzhalter in die Zangen stecken. Sinnvoll ist es, die Laufräder in Transporttaschen innerhalb des Koffers zu verstauen. Den Koffer selbst füttert man zudem mit all den Utensilien auf, die man ohnehin zum Radfahren mitführt, wie Helm, Schuhe, Trikots etc. – und natürlich mit den zur Montage notwendigen Werkzeugen.

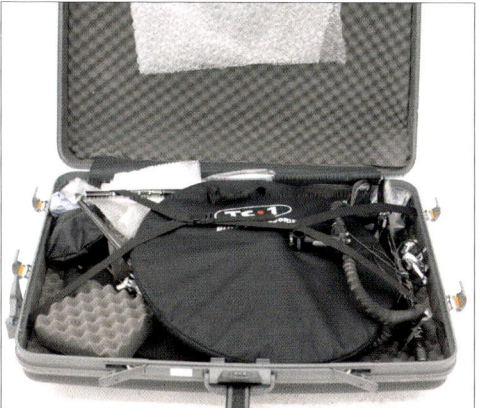

5.

Die Qual der Wahl

Abschließend wollen wir uns ein paar Gedanken zum Thema Radkauf machen.

Welches Bike ist das richtige für mich? Was sind die Dinge, die wir brauchen? Der leichteste Rahmen? Der steifste? Die Teile mit den besten Testergebnissen (über die werden wir uns später noch ein wenig auslassen)? Oder nur das Beste vom Besten? Das freilich kostet viel, viel Geld. Der Einsteiger wird es erst einmal mit einem preiswerten Exemplar von der Stange versuchen – und sehen, wie viel Spaß das Fahren auf zwei Rädern bringt. Profimaterial ist für Anfänger keineswegs unfahrbar – es auszureizen ist allerdings eine andere Sache. Und es erfordert einfach eine Menge Training, wenn man so etwas adäquat bewegen will – sonst hat man schnell den Ruf eines Posers weg.

Für die Motivation dessen, der im Bikepark mit einem RMX anfängt, ist es sicherlich wenig förderlich, wenn er andauernd von 14-jährigen Kiddies auf Hardtails abgeledert wird. Wir haben anfangs vom speziellen Reiz des Fahrens mit bestimmten Radtypen gesprochen – aber wer noch nie reingeschmeckt hat, sollte sich erst mal einen zahmen Allrounder zulegen. Doch wie orientieren, wo Hilfe finden bei der uferlosen Suche?

5.1.

Zeitschriften, Tests, Geschäfte und andere Quellen der Hilfe

Was gibt es, abgesehen von der Lektüre dieses Buches, für Quellen „objektiver" Informationen als Hilfestellung bei der Qual der Wahl im Dschungel der fahrradtechnischen Möglichkeiten? Da sind natürlich zunächst die Fachzeitschriften mit ihren Berichten und vor allem den Tests zu allen möglichen Themen – und die Fachhändler.

Erstere sind gezwungen, jeden Monat ein neues Heft mit sensationellen News zu füllen und natürlich liest sich fast jeder Test so, als sei das Rad seit der letzten Nummer der betreffenden Zeitschrift wieder mal neu erfunden worden. Labile Typen sind deshalb immer wieder verunsichert und wollen das Bike, das sie vor sechs Wochen gekauft haben, im Überschwang der Gefühle, die sich beim Lesen des Tests einstellen, gegen die neueste Sensation eintauschen. Glauben Sie nicht? Das sind Erfahrungen aus der eigenen Praxis im Umgang mit Kunden...

Und die Händler? Die wollen natürlich verkaufen, was im Laden steht, und nicht das, was in der Zeitung steht, und irgendwie haben sie ja auch recht, denn auch in den Shops steckt viel Erfahrung mit der Materie Rad. Und der Bikehändler muss auch in 3, 4, 5 oder 6 Monaten noch zu seinem Wort stehen – sprich zu seiner Empfehlung –, während die Redakteure selten mit dem Testberichten der vergangenen Tage konfrontiert werden.

In einer akuten Situation – der Kauf soll bald erledigt werden, denn Sie brennen aufs Fahren – mal schnell in die Zeitung schauen und dann schnell das richtige Rad finden ist kein guter Weg. Die Zeitschriften regelmäßig lesen, vor allem verschiedene, wenn möglich (super sind die Tests in der U.S.-Zeitschrift Mountain Bike Action, aber da sollte ein solides Englisch vorhanden sein), und nach und nach die Urteilskraft wachsen lassen, auch im Vergleich

dessen, was X heute und Y gestern und Z morgen schreibt: das ist der richtige Weg.

Fragen Sie doch Leute aus der Praxis – Radfahrer mit Erfahrung. Die haben oft schon Lehrgeld bezahlt und wissen, welchem Händler man trauen kann und welchem nicht. Versuchen Sie, sich die Erfahrungen von Bikern, die Sie on Tour oder beim Radlertermin treffen, zunutze zu machen. Schauen Sie, wer womit wie unterwegs ist. Dabei kommt dann eh raus, dass die guten Räder die sind, die von den guten Radlern gefahren werden. Entdecke die Möglichkeiten!

175

Das Dynamics Lightning XT – ein Paradebeispiel für ein preiswertes Top-Bike

5.2.

Custom Made / Tuning

Nach dem ersten Rad von der Stange (oft die sinnvollste Lösung zum Einstieg), mit entsprechend viel Erfahrungen (ohne Training geht da nix, Blut, Schweiß und Tränen fließen mitunter reichlich), kann sich der Bazillus tief und fest eingenistet haben – und das Ego sagt, zu meinem mit Schweiß und Mühen erworbenen Fähigkeiten gehört auch ein besseres Rad.

Natürlich wünschen sich viele Radler Individualität – es soll etwas Besonderes sein, und wenn es nur ein tolles Teil ist, wodurch sich das eigene Rad von den Konfektionsexemplaren unterscheidet. „Custom made" heißt die Formel – das Rad aus dem Wunschbaukasten. Wer genügend Geld locker machen will, soll damit glücklich werden. Bei Rädern unter 1.500,- ist das oft Augenwischerei – da sind die Serienbikes die bessere, weil preiswürdigere Alternative. Aber ein Rad zu haben, dass nur für Sie gemacht ist, ein Einzelstück, das hat schon was! Schließlich darf sich der stolze Besitzer ein wenig als Mit-Konstrukteur fühlen – das zeigt Stil, Geschmack und Fachkenntnis. Trotzdem: es ist auch hier gut, auf den Rat des Händlers zu hören – der hat in der Regel reichlich Erfahrung im Zusammenstellen von Rädern und kann zumindest wertvolle

Tipps geben, wenn nicht gar teure Schnitzer vermeiden helfen.

Oder soll man den Weg des Kai-Zen, der stückweisen Verbesserung, beschreiten? „Auch das beste Fahrrad lässt sich noch schneller, schöner und leichter machen", so untertitelte Tuning-Guru Hans Christian Smolik sein Buch „Fahrradtuning" aus dem Jahre 1990. Das von H.C. Smolik betriebene Hardcore-Tuning mit Feile und Schleifleinen ist sicher mittlerweile aus der Mode gekommen, aber das Rad mit neuen, leichteren und besser funktionierenden Bauteilen Stück um Stück zu veredeln macht Spaß und lässt das eigene Prachtstück immer mehr ans Herz wachsen – und gibt so Freunden und Verwandten immer wieder aufs neue die Chance, den Tagen, an denen Geschenke zu überreichen sind, mit Gelassenheit entgegenzusehen. Dem Radverrückten kann man so allzeit eine neue Freude bereiten.

Tuning kann man je nach Zielsetzung unterscheiden: das Rad soll konsequenter, stimmiger, schöner, interessanter, technischer, leichter, belastbarer usw. werden. Wer beispielsweise mit einem Rad mit einem mittelprächtigen Rahmen und einer guten Ausstattung gestartet ist, kann sich mit einem neuen Rahmen entscheidend verbessern. Aber auch der umgekehrte Fall kommt vor: einem Top-Rahmen, der nur „schlechter gelabelt" ist (wie es zum Beispiel TREK oder Cannondale gerne machen), kann man mit guten Komponenten endlich eine stimmige Peripherie verpassen.

Wem die Wipperei des Hinterbaus auf die Nerven geht, greift zum SPV-Federbein. Wie lange ist der Lenker schon drauf? Gerade nach dem Sturz gestern täte ein neuer schon Not. Den Vorbau schmeißen wir auch gleich raus – natürlich müssen die Substitute die Altteile qualitativ übertreffen. Oft ist das Tuning Ausdruck des gewachsenen Sachverstandes und des durch zunehmendes Training entwickelten Selbstverständnisses – es wächst sozusagen mit dem Fahrer. Und man hat immer was zu tun – auch für den Geldbeutel ist es schonender, immer wieder mal ein neues Teilchen zu kaufen als alles auf einmal. Und ab und zu soll ja auch mal was kaputt gehen oder verschleißen – als Tipp für den, der eine Ausrede für den Finanzminister braucht.

5.3.

Ausblick: Was wird die Zukunft bringen?

Manchem ist die Verunsicherung anzusehen. Dem geht es wie den ganz, ganz Schlauen beim Computerkauf. Die meinen nämlich: „Man kauft immer zu früh – und immer zu teuer". Wir sagen dagegen: Man lebt nur einmal – Zeit zum Warten hat man im Alter immer noch genug. Die alte, bewährte Technik hat

den Vorteil, bewährt zu sein. Und ein wenig später ist auch das neueste Rad ein Auslaufmodell.

Also: Lassen Sie sich vom Fortschritt nicht verrückt machen! Jedesmal fragt man sich auf der guten alten Eurobike: Was soll denn noch Neues kommen? Als die erste 8-fach DuraAce-Schaltung kam, hieß es: Ob das je funktioniert? Das wird jedenfalls nie Standard werden. Heute finden wir 24-Gang-Systeme schon im Einsteiger- und City-Bereich! Als die positionierende Schaltung kam, prophezeite mein Händler im Jahre 1990: Die Profis werden nie mit Klick fahren!

Bunte Reifen? Unmöglich! Und wer braucht denn schlauchlose Reifen! Mountainbike – das ist so ein neumodisches Zeugs, das ist eine kurze Mode, die vergeht bald wieder! Federung am MTB? Vielleicht vorne, aber sicher nicht hinten. Federwege von mehr als 80 mm? Unvorstellbar! Scheibenbremsen – so ein Unsinn!

Und als vor zehn Jahren Rahmenprototypen mit unter 1000 g Gewicht als no-rideable-Schaustücke präsentiert wurden, hieß es: nett, aber nicht belast- und fahrbar. Heute haben wir wettkampftaugliche Rahmen unter 1000 g!

Getriebenaben sind was für Muttis Einkaufsrad! Als die 14-Gang-Rohloff-Nabe kam, riefen die Skeptiker: Das funktioniert doch nie, und dann der schlechte Wirkungsgrad, und dann der Preis! Und das Gewicht! Inzwischen ist es eines der zuverlässigsten Schaltsysteme...

Kohlefaser? Zu weich! Zu spröde! Zu teuer! Na gut, vielleicht für Rennradrahmen, aber sonst?

Das Fahrrad ist in einem Jahrhundert mehr oder weniger stetiger Evolution zu seiner gegenwärtigen Performance gelangt. Gewohnheit ebenso wie die Obrigkeit der Sportfunktionäre schreiben das Grundmuster fort. Die Entwicklung läuft so weiter – noch leichter, noch stabiler, noch genauer. Altes Material verschleißt, neues wird angeschafft, und natürlich steigen Qualität und Preis. Wer weiß, welcher neue Wunderwerkstoff Reifen noch leichter und trotzdem „unplattbar" (Zitat Fa. Bohle) machen wird?

Wer weiß, wie sich Nano-Carbon einbringen wird? Vielleicht in einem ultraleichten Getriebe aus dem Hause Rohloff? Mit einem ultraleichten Zahnriemen? Mit federleichten Bremsscheiben? Und wenn es mal nichts Neues gibt, kommt eine Retrowelle – Stahl wird wieder schick! Oder Bikes ohne Federungen. Wäre doch echt langweilig, wenn wir das alles jetzt schon wüssten und ohne Herzklopfen durch die Eingangstür in Friedrichshafen schreiten! Es sind die Menschen, die letztlich das Rad bewegen – da ist die Evolution schon etwas länger im Gange und revolutionäre Entwicklungssprünge sind kaum zu erwarten.

Das einzige, was scheinbar konstant und unermüdlich stabil ver-

harrt, ist die menschliche Beschränktheit. Aber glücklicherweise wird sie immer wieder durchbrochen von Kühnheit, Witz, Phantasie und Kreativität. Lassen wir uns von der Zukunft überraschen – es wird weiter spannend bleiben bei der Entwicklung einer der schönsten Nebensachen der Welt.

6.

Internetseiten, Adressen

Es ist faktisch unmöglich, alle Internetseiten aufzuführen, die sich mit dem Thema Fahrrad auseinandersetzen, zumal der Markt ja auch ständigen Veränderungen unterworfen ist. Wir führen deshalb nur eine Auswahl von unserer Meinung nach wichtigen Seiten auf sowie die Seiten einiger „Kult-Hersteller", die schlicht nicht fehlen dürfen. Interessant sind mitunter auch Seiten von Magazinen, hier werden News gebracht und auch dem Radsport Genüge getan.

Fahrradhersteller

www.bikes.com
www.bulls.de
www.cannondale.com
ww.cube-bikes.de
www.dynamics.de
www.ellsworth-bikes.de
www.fusion-bikes.de
www.ghost-bikes.com
www.giant-bicycles.com
www.ktm-bikes.at
www.marinbikes.de
www.intensecycles.com
www.koga.com
www.konaworld.com
www.maverickbike.com
www.santacruzmtb.com
www.scottusa.com
www.simplon.com
www.specialized.com
www.storck-bicycle.de
www.trekbikes.com
www.tomac.com
www.nicolai.net

Komponentenhersteller, Vertreiber

www.zweirad-stadler.de (Zweirad-Center)
www.grofa.com (Look, Park Tool usw,)
www.cosmicsports.com (Ritchey, Formula usw.)
www.paul-lange.de (Shimano usw.)
www.sram.com (Rock Shox, Avid-Bremsen usw.)
www.sportimport.de (Sram, Felt usw.)
www.zeg.de (Bulls, Zubehör usw.)
www.risports.de (Ergon, Terry usw.)
www.answerproducts.com (Manitou)
www.rohloff.de
www.tune.de
www.use1.com
www.mavic.com
www.sports-nut.de (Spank, Atomlab usw.)
www.magura.com
www.foxracingshox.com
www.centurion.de (Centurion, Merida usw.)
www.syntace.com

www.bontrager.com
www.dtswiss.com
www.ritcheylogic.com
www.raceface.com
www.polar-deutschland.de
www.sigmasport.de
www.vdocyclecomputer.com
www.ciclosport.de
www.dersattel.de
www.conti.de
www.schwalbe.com
www.kendausa.com

Magazine, News, Foren und Fotos

www.bike-sport-news.de
www.bike-magazin.de
www.mountainbike-magzin.de
www.radsport-news.com
www.radsport-forum.de
www.mtb-news.de
www.ronnykiaulehn.com
www.markusgreber.com

Danksagungen, Bildnachweis

Diese Buch entstand durch tatkräftige Unterstützung vieler Menschen und Firmen. Zuvorderst möchten wir der Firma Stadler danken, in deren Bertriebsräumen uns die Möglichkeit gewährt wurde, ein Fotostudio aufzubauen und so all die Aufnahmen zu produzieren, die zum Thema Wartung hilfreich sind.

Mit Bildmaterial, Rat und Tat halfen uns im Besonderen die Firmen Scott-Sports, Trek Bicylces, Paul Lange (Shimano Deutschland, Selle Italia) und Sram (Rock Shox, Avid, Sram, Truvativ), denen wir hier nochmals ein herzliches Danke aussprechen möchten. Des Weiteren unterstützten uns: Magura (Hydraulkbremsen und Federelemente), Bike Action (Rocky Mountain,RaceFace), Marin Deutschland, Tomac USA, Van Nicholas (Titanbikes), Ritchey Schweiz, Mavic (Laufräder, Felgen), Florian (Ellthworth-Bikes), RTI-Sports (Ergon-Pars, Terry-Sättel), SKS (Pumpen und Schmutzfänger), Cosmic Sports, Manitou, Tune, USE, Ghost-Bikes, KTM-Bikes, Wolf (Lupine Lightning), Doris Linthaler (Spaghetti und Bier)

Darüber hinaus enthält dieses Buch Fotos von Tom Linthaler, Ronny Kiaulehn und den Verantwortlichen für Öffentlichkeitsarbeit und Marketing der oben genannten Firmen. Grafiken von Frank Lewerenz und o. g.Firmen.

Wir hoffen, niemanden vergessen zu haben. Wenn doch: Sorry! All die Tipps und Hinweise, die wir mit diesem Buch weitergeben, geben wir nach bestem Wissen und Gewissen weiter. Wir können jedoch keine Haftung dafür übernehmen. Für alle, die gerne biken und auch selber schrauben gilt: jeder muss die Verantwortung für alles tragen, was er selber macht.

Have a good ride!